Wolf-Dieter Kraus

Die Außenwand

CIP-Titelaufnahme der Deutschen Bibliothek

Kraus, Wolf-Dieter:
Die Aussenwand : eine bauphysikalische Analyse / Wolf Dieter
Kraus. – Stuttgart ; Zürich : Krämer, 1989
ISBN 3-7828-1119-4

Lektorat: Gudrun Zimmerle
Druck: Stuttgarter Druckerei GmbH
Printed in Germany
ISBN 3-7828-1119-4

Wolf-Dieter Kraus

Die Außenwand

Eine bauphysikalische Analyse

Karl Krämer Verlag Stuttgart/Zürich

Inhalt

Thermische Einflüsse an einer Außenwand

Anforderungen und Belastungen

Sonderprobleme

Einfluß einer Außenwand auf das Behaglichkeitsempfinden innerhalb eines Gebäudes.

Definition der thermischen Behaglichkeit

Notwendig für das Wohlbefinden in unseren Bauten ist auch die thermische Behaglichkeit. In diesem Zustand besteht Zufriedenheit mit der thermischen Umgebung, was bedeutet, daß man bei einer gegebenen Tätigkeit keine Änderung der Parameter Bekleidung, Lufttemperatur, Umschließungsflächentemperatur, Luftbewegung und Luftfeuchte wünscht.

Grundlegende physikalisch-physiologische Messungen der menschlichen Wärmebilanz und Temperaturen an repräsentativen Körperstellen führten zu folgenden Ergebnissen:

- Für die Wahrnehmung des thermischen Zustandes existieren keine Wärmestromfühler (Rezeptoren), sondern ausschließlich Temperaturfühler – sogenannte Thermorezeptoren. Hierbei unterscheidet man zwischen Kälterezeptoren, die bei Temperaturen von ca. 37°C an abwärts verstärkt ansprechen, und Wärmerezeptoren, die bei Temperaturen von ca. 35°C an aufwärts verstärkt ansprechen. Das Ansprechen der Thermorezeptoren erfolgt durch elektrische Impulse.
- Thermische Unbehaglichkeit durch Kälte wird über die Kälterezeptoren in der Körperoberfläche (Haut) wahrgenommen, und zwar dann, wenn die Hauttemperatur einen Schwellenwert von ca. 34°C unterschreitet. Bei zunehmender Abkühlung setzt eine Erhöhung des Stoffwechsels ein. Thermische Unbehaglichkeit durch Wärme verbunden mit Schwitzen wird über die Wärmerezeptoren im etwa stecknadelkopfgroßen Temperaturregelzentrum im Stammhirn wahrgenommen, und zwar dann, wenn dessen Temperatur einen Schwellenwert von ca. 37°C überschreitet.

Konsequenzen aus der Behaglichkeitsdefinition

Die Tatsache, daß für das Kälteempfinden die im wesentlichen in der Hautoberfläche angeordneten Temperaturnerven entscheidend sind, erklärt, daß unsymmetrische thermische Umgebungsbedingungen zu einseitiger störender Kälteempfindung führen können. Das kann der Fall sein bei Zugluft oder in der Nähe von kalten Wandflächen. Im Gegensatz dazu wird das Wärmeunbehagen über den Körperkern (Stammhirn) und damit richtungsunabhängig wahrgenommen. Als objektive Maßgrößen für thermische Behaglichkeit können in Zukunft die Haut- und Trommelfelltemperaturen herangezogen werden.

Das thermische Wohlbefinden

Der Bereich behaglichen körperlichen Wohlbefindens liegt bei einer gleichmäßigen Körperkerntemperatur von ca. 37°C und einem Temperaturgefälle zur Hautoberfläche von ca. 3°C. Diese Temperatur stellt sich ein, wenn zwischen Wärmeerzeugung im Innern und der Wärmeabgabe ein Gleichgewichtszustand herrscht.

Legt man die Außentemperaturen in unserer Klimazone zugrunde, kann der Mensch allein den Wärmeabfluß zur natürlichen Umwelt nicht decken. Auch die

Kleidung kann im Freien nur begrenzt als Regulator dienen. Deshalb ist an ein Wohngebäude die Bedingung zu stellen, daß die Einzelfaktoren, die den Wärmeaustausch des Menschen in seiner Umgebung bestimmen, beeinflußbar sind:

- Temperatur der Raumluft
- Oberflächentemperaturen von Raumumschließungsflächen
- relative Luftfeuchtigkeiten
- Luftbewegungen im Raum.

Diese Faktoren sind so zueinander in Beziehung zu bringen, daß ein optimales Verhältnis zum menschlichen Wärmehaushalt geschaffen wird. Dabei sind folgende Abhängigkeiten wichtig:

Die Oberflächentemperaturen der raumumschließenden Bauteile sollen im Idealfall gleich der Raumtemperatur sein.

Eine Abweichung der Mitteltemperatur aller Umschließungsflächen um ca. 2–3° C nach oben oder unten kann als dem menschlichen Wärmehaushalt entsprechend angesehen werden.

Die Tabelle zeigt den Zusammenhang zwischen Wandoberflächentemperatur und Lufttemperatur in beheizten Räumen für verschiedene Behaglichkeitsempfinden. Bei einer Orientierung an dieser Tafel wird die alte Behaglichkeitsformel deutlich, wonach Raumtemperatur und Wandoberflächentemperatur ca. 37° C (Körpertemperatur) betragen sollen.

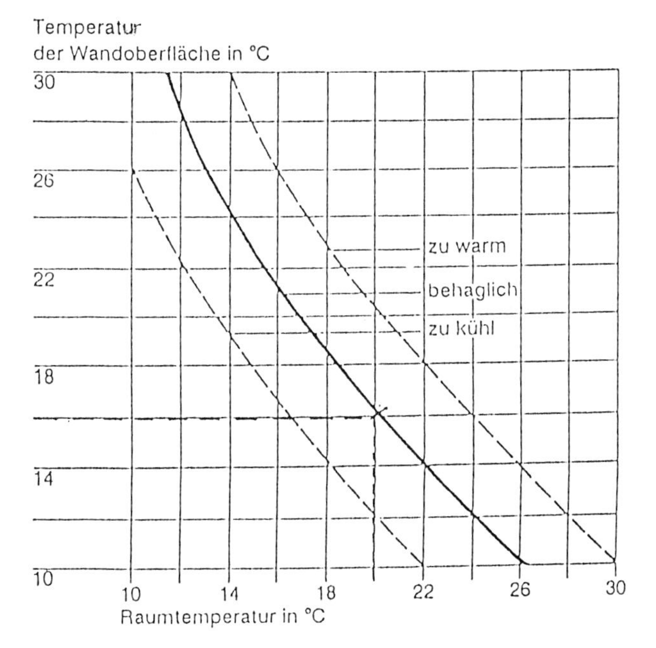

Die Wahrnehmung der Luftbewegung ist abhängig vom Temperaturverhältnis der Raumluft zur strömenden Luft, weil die Bewegung der Raumluft als Entzug der Wärme von der Hautoberfläche empfunden wird. Im Normalfall kann deshalb mit steigender Raumlufttemperatur auch die Luftbewegung zunehmen, ohne daß dies gleich als Zugerscheinung empfunden wird. Luftgeschwindigkeiten unter 0,2 m/sec. werden kaum wahrgenommen.

Auch die relative Luftfeuchtigkeit ist ein wesentlicher Faktor des Behaglichkeitsempfindens. Sie soll betragen

- 40–45% als mittlerer Idealwert im Winter,
- 50–60% als natürlicher Wert der Außenluftfeuchte im Sommer.

Die Grenzwerte liegen bei 35–65%.

In einem Raum stellt sich das größte Behaglichkeitsempfinden ein, wenn sich die Raumtemperatur und innere Wandoberflächentemperatur einer Außenwand um nicht mehr als ca. 3°C unterscheiden. Nach diesem Behaglichkeitskriterium sind für Außenwände daher Wärmedurchlaßwiderstände zwischen ca. 1,20 qmK/W bis ca. 1,70 qmK/W erforderlich.

Räume, deren Außenwände nur den Mindestwärmeschutz nach DIN 4108 »Wärmeschutz im Hochbau« aufweisen, müssen deshalb nach den vorgenannten Kriterien auf mindestens 23–28°C erwärmt werden. Eine Temperaturerhöhung von 1°C entspricht aber einem zusätzlichen Energieverbrauch von ca. 5%.

Beeinträchtigungen des Behaglichkeitsempfindens werden auch bei ausreichendem Wärmeschutz immer dann eintreten, wenn beispielsweise eine sehr ungleichmäßige Wärmeverteilung im Raum gegeben ist. Haben zum Beispiel die Raumumschließungsflächen untereinander eine größere Temperaturdifferenz, so entwärmt sich der Mensch asymmetrisch, was häufig zu Unbehaglichkeiten führt. Für das sogenannte Zugkälteempfinden ist die Körperoberflächentemperatur des Menschen entscheidend.

Mögliche Einflüsse auf die thermische Behaglichkeit

Für die Beeinflussung des thermischen Gleichgewichts eines Menschen und damit seiner Behaglichkeit kommen 21 verschiedene Einflußgrößen in Frage.

Bisherige Untersuchungen lassen aber erkennen, daß lediglich sechs Einflußgrößen primär und dominierend sind. Wesentlich für die thermische Behaglichkeit des Menschen sind vor allem vier rein physikalische Parameter

- Lufttemperatur
- Umschließungsflächentemperatur
- Luftgeschwindigkeit und Luftfeuchte
- Tätigkeit und Bekleidung.

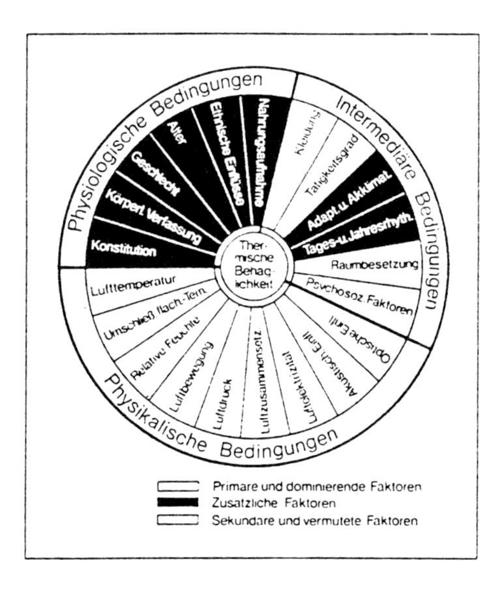

Das Raumklima

Während für den Planer, den Baustoffhersteller und die ausführende Bauindustrie in erster Linie bauphysikalische und bautechnische Probleme, das heißt die Einhaltung der gesetzlichen Bestimmungen, für die der genannte Kreis verantwortlich ist, im Vordergrund stehen, sind für den Bauherrn und Wohnungsnutzer Fragen der Energiekosten und wohnklimatische Aspekte, die Behaglichkeit eines Raumklimas, von besonderem Interesse.

Voraussetzungen für ein behagliches Raumklima sind

- die empfundene Temperatur 18–21°
- Raumlufttemperatur 20–22°
- Wandoberflächentemperatur 17–19°
- Fußbodentemperatur 18–20°
- Deckentemperatur 18–20°
- Luftbewegung max. 0,2 m/sec.
- relative Luftfeuchtigkeit i. M. 50%
- Temperaturunterschiede in vertikaler Richtung nicht mehr als 3°.

Empfundene Temperatur

Die Haut ist der kontinuierliche Wärmeaustauscher beim Menschen. Ein normal bekleideter Mensch hat bei einer Raumlufttemperatur von 20° eine Hautoberflächentemperatur von ca. 33–34°. Der Temperaturunterschied zwischen Körperoberfläche und Umgebungsluft bedingt einen ständigen Wärmeverlust des Körpers. Dies geschieht auf verschiedene Arten:

- durch Verdunstung (feuchte Wärmeabgabe) wie Schweiß und Atmung
- durch Wärmeleitung von der Körperoberfläche an direkt berührte Festkörper (hauptsächlich über die Füße zum Fußboden)
- durch Wärmeübergang als Folge von an der Körperoberfläche vorbeistreifender Luft
- durch Wärmestrahlung zwischen der Körperoberfläche und den Raumumschließungsflächen wie Wände und Decken.

Aufgrund dieser Wärmeverluste empfindet der Mensch erst eine Temperatur, die jedoch nicht mit der Raumlufttemperatur identisch, sondern das Mittel aus der Raumluft- und der Wandoberflächentemperatur ist.

Beispiel:

Raumlufttemperatur 20°

Wandoberflächentemperatur 18°

= 20° + 18° = 38° : 2 = 19° empfundene Temperatur.

Klimafaktoren und ihre Beziehungen (Richtwerte)

	1	2	3	4	5	6	7	8	9
	Innenraumfaktoren	Raumlufttemperatur °C		Luftfeuchte relativ %		Luftbewegung maximal m/s		Oberflächentemperatur innen °C	
	Raumart	Sommer	Winter	Sommer	Winter	Sommer	Winter	Sommer	Winter
1	Wohnzimmer	22–25	19–22	40 bis 60	40 bis 50	0,2 bis 0,4	≦ 0,2	2 bis 3°C unter der Lufttemperatur	
2	Schlafzimmer	19–22	17–20						
3	Küche	20–22	18–20						
4	Bad	22–25	20–23						
5	WC	19–22	17–20						
6	Flur	19–22	17–20						
7	Treppenhaus	18–20	16–18						
8	Arbeitszimmer	22–24	19–22						
9	Bürogebäude	22–24	19–22						

Die Temperatur der raumseitigen Oberfläche von Bauteilen wie Wänden und Decken ist keineswegs an allen Stellen des betreffenden Bauteils dieselbe. Sie schwankt örtlich z.T. sehr erheblich, da Wärmeübergangs- und Wärmedurchgangsverhältnisse bei den Bauteilen oft von Stelle zu Stelle verschieden sind, sei es infolge von Wärmebrücken oder wegen der Ecken und Winkel, die durch angrenzende Bauteile gebildet werden.

Die nachstehenden Tabellen zeigen für einige Wandaufbauten, welche Wandoberflächentemperaturen ohne Dämmung (Tabelle 1) und mit Dämmung (Tabelle 2) bei 20° Raumlufttemperatur und –10° Außentemperatur erreicht werden.

Wandaufbauten ohne zusätzliche Dämmung

Wandaufbau	Dicke s (m)	Wärme- fähigkeit leit- λ (W/m.K)	beidseitig verputzt		
			Wärme- durchgangs- widerstand (m^2.K/W)	Wärme- durchgangs- koeffizient k (W/m^2.K)	Wand- oberflächen- temperatur t (°C)
Beton B 25	0,30	2,10	0,365	2,74	+ 9,3
Hochlochziegel Rohd. 1400 kg/m^3	0,30	0,58	0,739	1,35	+ 14,7
Kalksandstein KSL Rohd. 1400 kg/m^3	0,30	0,70	0,651	1,54	+ 14,0
Porosierter Leichtziegel Rohd. 800 kg/m^3	0,30	0,34	1,104	0,91	+ 16,5

Wandaufbauten mit 6 cm Vollwärmeschutz

Wandaufbau	Dicke s (m)	Wärme- leit- fähigkeit λ (W/m.K)	beidseitig verputzt 6 cm PS 15 SE + Armierung und STOLIT		
			Wärme- durchgangs- widerstand (m^2.K/W)	Wärme- durchgangs- koeffizient k (W/m^2.K)	Wand- oberflächen- temperatur t (°C)
Beton B 25	0,30	2,10	1,871	0,53	+ 17,9
Hochlochziegel Rohd. 1400 kg/m^3	0,30	0,58	2,245	0,45	+ 18,3
Kalksandstein KSL Rohd. 1400 kg/m^3	0,30	0,70	2,157	0,46	+ 18,2
Porosierter Leichtziegel Rohd. 800 kg/m^3	0,30	0,34	2,610	0,38	+ 18,5

Luftbewegung

In geschlossenen Räumen entsteht durch Emporsteigen warmer/leichter Luft, z. B. an Heizkörpern, und durch Herabfallen kalter/schwerer Luft, z. B. an kalten Wänden, immer eine Luftbewegung, sogenannte Konvektion. Diese Luftbewegung wird in der Regel nicht bemerkt, wenn ihre Geschwindigkeit kleiner als 0,2 m/sec. ist; bei höherer Geschwindigkeit wird sie als störende Zugluft empfunden.

Ist z. B. die Wandoberflächentemperatur mehr als 3° geringer als die Raumlufttemperatur, dann kühlt die Luft so stark ab, daß sie schneller als 0,2 m/sec. herabfällt – dadurch entsteht das empfundene Zuggefühl. Bei entsprechender Anpassung der Fenster-, Boden- und Deckenflächen werden die Kaltluftströmungen im Raum wesentlich verlangsamt und können dadurch ≦ 0,2 m/sec. gehalten werden.

Ältere und kranke Menschen haben einen reduzierten Stoffwechsel. Sie können deshalb nicht so viel Wärme erzeugen und fühlen sich daher erst bei etwas höheren Temperaturen behaglich.

Luftfeuchtigkeit

In Wohnräumen mit einer Temperatur von 18–22° ist eine relative Luftfeuchtigkeit von 40–60% normal und wird als behaglich empfunden. Abweichungen führen zu Störungen und Beeinträchtigungen im Wohlbefinden. Im oberen Bereich ergibt sich für das Behaglichkeitsempfinden eine starke Abhängigkeit der relativen Luftfeuchtigkeit von der Raumtemperatur, das heißt, bei steigender Raumtemperatur muß die Luftfeuchtigkeit absinken, um unterhalb der Schwülegrenze zu bleiben.

Zu trockene Luft (relative Luftfeuchte geringer als 40%)
- bedingt Austrocknungserscheinungen an den Schleimhäuten (Reizhusten)
- fördert die Bildung von Staub und dessen Verbreitung in der Raumluft
- begünstigt die Ausbreitung von Gerüchen.

Zu feuchte Luft (relative Luftfeuchte höher als 60%)
- erschwert die Atmung
- beeinflußt die Hautverdunstung (Schwitzen)
- begünstigt die Verschmutzung und Schimmelbildung
- erhöht die Gefahr der Wasserdampfkondensation an Wänden
- begünstigt die Ausbreitung von Krankheitserregern.

Der menschliche Temperatursinn

Wegen der engen Verflechtung, die zwischen den Begriffen der thermischen Behaglichkeit und der menschlichen Temperaturempfindung besteht, ist es unerläßlich, sich bei dem vorliegenden Thema näher mit dem physiologischen Forschungsstand hinsichtlich des menschlichen Temperatursinnes zu befassen.

Der Begriff des thermisch behaglichen Raumklimas verlangt zu seiner möglichst klaren Erfassung eine Abgrenzung gegenüber der Anzahl verschiedener, teilweise unterschiedlich ausgelegter Klimatypen.

Der allen Klimatypen übergeordnete Begriff ›Klima‹, der in neuer enzyklopädischer Formulierung als »mittlerer Zustand der Atmosphäre über einem bestimmten Gebiet und der für dieses Gebiet charakteristische Ablauf der Witterung« definiert wird, ist im vorliegenden Zusammenhang wenig hilfreich, da in ihm keinerlei Beziehung zum Menschen anklingt.

Hauptklimatypen nach klimatologischen Gesichtspunkten

Bezeichnung	Begriffsbestimmung
Makroklima	»Großklima«, bedingt durch geographische Breitenlage, Größe von Wasser- und Landmassen, Extremfall: »polares Klima«, »tropisches Klima«.
Mesoklima	»Zwischenklima«, vom Großklima mehr oder weniger abweichend, beeinflußt von Tallage, Hanglage, Gebäudemassierung.
Mikroklima	»Kleinklima«, Klima der bodennahen Luftschichten, abhängig von lokalen klimaphysikalischen Einflüssen, wirksam im Freien (Außenklima) und im Rauminneren (Raumklima).
Kryptoklima	»Innenklima«, vom Meso- und Makroklima durch begrenzende Flächen abgetrennt. Gesamtheit der bioklimatischen Faktoren im Gebäude- und Rauminneren, »Raumklima«, »Indoor-Climate«.

Reale Temperaturverteilung im Raum

Bei allen Untersuchungen über den Wärmebedarf ging man neben weiteren Vereinfachungen von einer homogenen Temperaturverteilung im beheizten Raum aus. Messungen an verschiedenen Heizsystemen zeigen jedoch, daß das Temperaturprofil stark vom Heizsystem abhängt. Es bestehen sehr große Unterschiede in den Temperaturverläufen von Radiatorheizung, Ofenheizung, Decken- und Fußbodenheizung. Ebenso bestehen erhebliche Unterschiede in den Temperaturprofilen je nach Anordnung eines Radiators vor Innen- oder Außenwänden.

Wärme und Wärmeübertragung

Wärmeströmung (Konvektion)
Führt strömende oder fließende Materie Wärme mit, sprechen wir von Konvektion. In beheizten Räumen entstehen stets Wärmeströmungen. Die meist flächenmäßig begrenzte Heizung wird durch sie erst voll wirksam. Derartige rauminterne Wärmeströmungen sind zunächst nicht mit Wärmeverlusten verbunden. Beträchtliche Wärmeverluste durch Konvektion werden aber durch schlecht schließende Fenster und Türen hervorgerufen.

Wärmeleitung
Diese Übertragungsart findet besonders in festen Stoffen statt; sie ist daher für die Betrachtung des Wärmedurchgangs durch Wände und Decken wichtig. Sehen wir von undichten Fenstern und Türen ab, dann wird sich der bauliche Wärmeschutz auf Maßnahmen zur Verringerung der Wärmeleitung konzentrieren.

Wärmestrahlung
Im Gegensatz zur Wärmeströmung und zur Wärmeleitung ist die Wärmestrahlung an keine Materie gebunden. Ihre Intensität wächst mit steigender Temperatur und kann vom Menschen als lästig empfunden werden. Die Wärmestrahlung ist aber auch die Ursache dafür, daß wir uns in Räumen unbehaglich fühlen, deren Lufttemperatur zwar ausreichend hoch ist, deren Wandoberflächen aber verhältnismäßig kalt sind (eine Folge ungenügender Wärmedämmung der Umfassungswände). Dadurch kommt es zu erheblichen Wärmeabstrahlungen des menschlichen Körpers in Richtung zur Wand. Bei der Ermittlung von Wärmeverlusten durch raumabschließende Wände kann die Wärmestrahlung vernachlässigt werden.

Die Bedeutung der inneren Bauteil-Oberflächentemperatur

Große Bedeutung für den Wärmehaushalt des menschlichen Körpers hat die Oberflächentemperatur der inneren raumabschließenden Flächen, da die Wärmeabgabe des Körpers zu ca. 90% durch Wärmeabstrahlung erfolgt.

Bei kalten Oberflächen, das heißt einer großen Temperaturdifferenz zwischen Körper und den umgebenden Bauteilen, findet eine zu rasche Entwärmung des Körpers statt; diese Situation wird als unbehaglich empfunden.

Physiologisch optimal wäre eine Übereinstimmung zwischen Innenraum- und Oberflächentemperatur. Dies läßt sich im Winter nur durch eine Beheizung der Außenwände selbst erreichen. In allen anderen Fällen ist während der kalten Jahreszeit die Innenoberflächentemperatur bei beheizten Räumen immer niedriger als die Raumtemperatur, weil der Wärmeübergangswiderstand wie eine zusätzliche Wärmedämmschicht zwischen Raumluft und Innenoberfläche wirkt und demzufolge zu einem Temperaturabbau unmittelbar vor der Innenoberfläche führt.

Die innere Oberflächentemperatur spielt ferner eine wichtige Rolle bei der Beurteilung des Feuchtigkeitsverhaltens eines Bauteils. Mit ihrer Hilfe läßt sich sehr leicht feststellen, ob und bei welcher relativen Luftfeuchtigkeit an der Bauteiloberfläche Kondenswasser ausfällt und damit eine Gefährdung für das Bauteil, aber auch für die Hygiene des Raumes vorliegt.

Da ein Körper höherer Temperatur immer Strahlungsenergie zum Körper niedrigerer Temperatur abgibt und die Menge der abgegebenen Energie proportional dem Temperaturunterschied der einander zugewandten Oberflächen ist, entsteht bei zu großem Temperaturunterschied zwischen Haut und Bauteilinnenseite ein Energieverlust des menschlichen Körpers, der Unbehaglichkeit erzeugt. Es stellt sich ein Gefühl ein, als ob es zieht. Eine Luftbewegung findet jedoch nicht statt, sondern der Körper reagiert mit diesem Gefühl auf erhöhten Energieverlust. Ein Ausgleich ist dann nur durch erhöhte Raumtemperatur möglich.

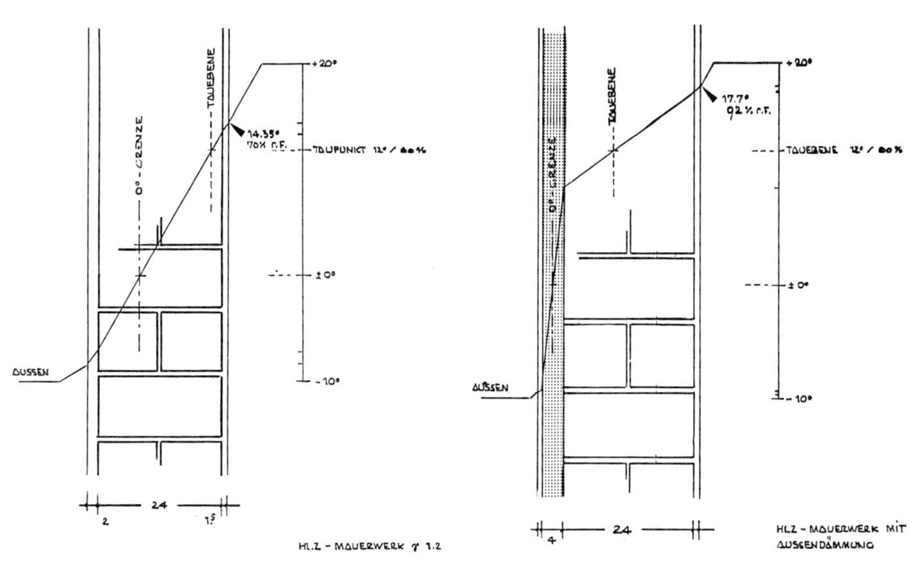

Die ›klimaregelnde‹ Wirkung von Innenputzen und anderen Wand- und Deckenbeschichtungen

In jedem bewohnten Raum entstehen je nach seiner Nutzung verschieden große Feuchtigkeitsmengen. In Wohn- und Schlafräumen handelt es sich im wesentlichen um die Feuchtigkeit, die von den Bewohnern beim Atmen abgegeben wird (stündlich ca. 40 g/Person). In Küchen fallen beim Kochen kurzfristig größere Wasserdampfmengen an. Diese Feuchtigkeitszufuhr hat zunächst eine Erhöhung der Raumluftfeuchtigkeit zur Folge.

Da die Luft jedoch nur eine relativ geringe Feuchtigkeitsaufnahmefähigkeit besitzt – beispielsweise kann 1 cbm Luft bei 20°C und 50% relativer Luftfeuchte bis zur Sättigung nur 8,7 g Wasser aufnehmen –, wäre sie auch bei geringer Feuchtigkeitszufuhr bald unerträglich feucht bzw. gesättigt, wenn nicht verschiedene Einflüsse eine Entfeuchtung der Raumluft bewirken würden (Feuchtigkeitsaufnahme der Innenoberflächen, Luftwechsel und Wasserdampfkondensation).

Die Feuchtigkeitsaufnahme der Innenoberflächen des Raumes aus der Luft erfolgt durch Adsorption an den Oberflächen und Kapillarkondensation in den Poren des Materials; sie hängt somit von der Beschaffenheit, insbesondere der Kapillarstruktur der oberflächennahen Stoffe, ab. Beide Erscheinungen (Adsorption und Kapillarkondensation) werden als Absorption bezeichnet.

Die raumseitigen Oberflächen der raumbegrenzenden Bauteile sowie die Einrichtungsgegenstände eines Raumes stehen in ständigem Feuchtigkeitsaustausch mit der Raumluft. Das Bestreben, ein Gleichgewicht zwischen Luft- und Materialfeuchtigkeit herzustellen, wirkt sich auf Feuchtigkeitsänderungen der Raumluft hemmend aus. Durch die Absorption an Oberflächen entsteht somit eine klimaregelnde Wirkung – bei Feuchtigkeitserzeugung im Raum wird ein Teil der Feuchtigkeit von den Oberflächen aufgenommen und bei niedrigerer Raumluftfeuchtigkeit wieder abgegeben.

Luftwechsel mit der Außenluft durch Undichtigkeiten bzw. Fensterlüftung hat im allgemeinen bei unseren klimatischen Verhältnissen eine Feuchtigkeitserniedrigung der Raumluft zur Folge.

Wasserdampf-Kondensation bei entsprechend hoher Luftfeuchtigkeit bzw. niedrigen Oberflächentemperaturen ist im Gegensatz zur materialbedingten Absorption lediglich von der Höhe der Luftfeuchtigkeit und der Temperatur der Kondensationsfläche abhängig. Mit stärkerem Auftreten von Wasserdampf-Kondensation wird ein weiteres Ansteigen der Luftfeuchtigkeit verhindert bzw. verlangsamt. Dadurch ergibt sich ein Zusammenhang zwischen der Wandtemperatur und der sich beim stärkeren Wasserdampfanfall einstellenden Luftfeuchtigkeit im Raum. Diese Art der Entfeuchtung der Raumluft ist jedoch unerwünscht, da sie auf Dauer zu Feuchtigkeitsschäden führt (feuchter Innenputz, Schimmelbildung; bei tiefen Außentemperaturen u. U. auch Eisbildung auf den Wänden).

Beim Verdampfen von Wasser in Räumen wird der Anstieg der Luftfeuchtigkeit wesentlich mitbestimmt durch die Fähigkeit der Innenflächen, Wasserdampf zu absorbieren. Die Stärke dieser klimaregelnden Wirkung hängt von der Oberflächenbeschaffenheit der Raumbegrenzungsflächen ab. Sie ist nach den vorliegenden Ergebnissen nicht gleichbedeutend mit der Fähigkeit, Wasser in flüssiger Form – bei Auftreten von Kondensation – aufzunehmen und wieder abzugeben. Durch die klimaregelnde Fähigkeit von Innenflächen wird die Kondensationsgefahr der kalten Wandflächen verringert. Das wirkt sich vor allem bei kurzfristiger Feuchtigkeitserzeugung aus, z. B. in Küchen.

Diese Feststellungen sollten zunächst die vorhandenen Unterschiede bei Innenputzen hinsichtlich ihrer klimaregelnden Wirkung aufzeigen.

Wände, raumhoch gefliest

Die heute oftmals von Baugesellschaften sehr werbewirksam offerierten raumhoch gefliesten Bäder sind aus bauphysikalischer Sicht sehr bedenklich. Die klimaregelnde Wirkung eines Innenputzes als sogenannte Pufferschicht zur Feuchtigkeitsspeicherung entfällt hierbei völlig, denn die Fliesenoberfläche nimmt keinerlei Feuchtigkeit aus dem Raum auf. Damit entfallen im Raum einige Quadratmeter Fläche als Feuchtigkeitsregulativ. Die in Naßräumen zwangsläufig höheren Feuchtigkeiten wandern im Zuge des Dampfdruckgefälles in die anderen Wohnräume ab und tragen somit dort zur Anhebung des Luftfeuchtigkeitspegels bei.

Decken, spritzputzbeschichtet

Sehr häufig werden Stahlbetondecken statt mit einem konventionellen 10–15 mm starken Putz nur mit einem 2–3 mm starken Spritzauftrag versehen. Diese Verfahrensweise ist häufig anzutreffen beim Einsatz von sogenannten Halbmontagedecken aus ca. 4 cm starken großformatigen Fertigteil-Stahlbetonplatten. Nach Verspachtelung der Plattenfugen erfolgt die dünne Spritzputzbeschichtung direkt auf die Betonfläche.

Diese Ausführungsart ist in bauphysikalischer Hinsicht – ebenfalls in bezug auf den fehlenden Deckenputz und seine Speicherwirkung – sehr bedenklich. Der dünne Spritzputz, sowohl in seiner Stärke als auch seiner Materialzusammensetzung, kann eine Klimaregelung durch Feuchtigkeitsspeicherung nicht erfüllen.

Dazu kommt, daß die Deckenfläche als Träger des Spritzputzes aus Stahlbetonfertigteilplatten besteht, die im Betonwerk auf Stahlschalung hergestellt und maschinell verdichtet wurden. Damit besitzt die Betonstruktur eine weit größere Dichte und somit eine geringere Porenstruktur als eine örtlich hergestellte und nur mit dem Rüttler manuell verdichtete Betondecke.

Konservierung der Wandfeuchtigkeit

Die meist auf Gips- und/oder Luftkalkbasis aufgebauten Innenputze sind in der Phase der Aushärtung feucht, weil der Luftkalk chemisch Wasser freisetzt und der Gips hygroskopisch ist. Diese Feuchteanreicherung baut sich über Verdunstung in den Raum mit der Zeit ab. Das wird jedoch stark behindert, wenn zu früh tapeziert wird. Um die heute meist schweren Tapeten auf dem noch feuchten Untergrund halten zu können, werden mit Dispersion angereicherte Kleister verwendet, die einen guten Nährboden für spätere Schimmelkulturen darstellen.

Dank seiner guten Kapillarität gibt Mauerwerk Baufeuchte in relativ kurzen Zeiträumen wieder ab, soweit es nicht daran gehindert wird. Neueste Messungen an Ziegelbauten zeigen, daß innerhalb von vier Wochen nach Rohbauerstellung der Wandfeuchtegehalt von 7 Vol.-% auf 3,5 Vol.-% halbiert wurde. Nach Ausführung der Putzarbeiten (außen und innen) stieg die Feuchte wieder an auf 4,5 Vol.-%, um dann in vier Monaten auf 2,5 Vol.-% abzusinken. Man darf davon ausgehen, daß ein ›praktischer Feuchtegehalt‹ von etwa 1,5 Vol.-% nach weiteren drei Monaten erreicht wird.

Die aus hygienischen Gründen anzustrebenden günstigen Austrocknungszeiten und Endfeuchtegehalte werden auch nicht annähernd erreicht, wenn der Neubau sofort mit Dispersionsanstrichen und Tapeten versehen wird. Dadurch wird das kapillare Leitsystem des Mauerwerks unterbrochen. Die weitere Feuchteabgabe der Wand kann dann nur sehr langsam über die Diffusion durch die Anstrichschichten erfolgen.

Auf die Feuchteaufnahme an der Wandaußenseite infolge von Niederschlägen können sich Dispersionsanstriche und -putze ebenfalls negativ auswirken. Werden sie nämlich vor genügender Karbonatisierung der an sich basischen Grundputze aufgebracht, so verseift und versprödet das Dispersionsmaterial, was dann Haarrisse zur Folge hat. Niederschlagsfeuchtigkeit kann dann leicht eindringen, ohne allerdings schnell wieder in die Atmosphäre entweichen zu können, weil die Kapillarität gestört ist.

Klimabedingter Feuchtigkeitsschutz

Baufeuchtigkeit

Wasser liegt in drei verschiedenen Aggregatzuständen vor, und zwar als Feuchtigkeit, Dampf und Festkörper in Form von Eis. Beim Übergang vom flüssigen in den festen Aggregatzustand dehnt sich das Wasser um mehr als 9 Vol.-% aus, was mit einem Druck auf die das Wasser umschließenden Wandungen verbunden ist. Bei tieferen Temperaturen entstehen infolge von Umkristallisation weitere Volumenvergrößerungen, so daß das Eis z. B. bei –22° ein 13,3% größeres Volumen als Wasser bei 4° annimmt. Die Wandungen eines mit Wasser gefüllten Hohlraumes erfahren jedoch die stärkste Belastung durch den Volumensprung beim Nulldurchgang, wenn auch die Belastungsgröße von der Befrostungsgeschwindigkeit abhängt. Bei der Volumenvergrößerung auftretende Kräfte können im Bauteil oder Baustoff mechanische Schäden hervorrufen, wenn die Festigkeit der Hohlraumwände geringer als die des Eisdruckes ist.

Baufeuchtigkeit entsteht vor allem durch das Anmachwasser von Mörtel und Betonen. Auch Regen, der während der Bauzeit oder Lagerung in die Stoffe eindringt und mit ihnen eingebaut wird, ist als Baufeuchte zu betrachten. Deshalb unterscheidet man beabsichtigte Feuchtigkeit, die dadurch entsteht, daß Wasser für die Herstellung von Bauteilen benötigt und deshalb absichtlich in das Bauwerk eingebracht wird, und unbeabsichtigte Feuchtigkeit, die dadurch entsteht, daß Niederschlagswasser in die Baustoffe und Bauteile eindringt.

Austrocknung

Von der beabsichtigt oder unbeabsichtigt eingebrachten Feuchtigkeit wird nur ein ganz geringer Teil chemisch zur Festigung von Baustoffen benötigt (ca. 20%). Die nicht zum Abbindevorgang benötigte Feuchtigkeit muß wieder verdunsten.

Für die Austrocknung des Mauerwerks sind neben den äußeren Bedingungen (Temperatur, Luftfeuchtigkeit und Luftbewegung) die kapillaren Saugkräfte und die Wasserdampfdurchlässigkeit des betreffenden Materials bestimmend. Man kann daher im Hinblick auf die Austrocknung die Baustoffe in solche mit geringer Kapillarleitfähigkeit und solche mit großem Kapillarleitvermögen einteilen.

Bei einem Baustoff mit geringer Kapillarleitfähigkeit erfolgt die Austrocknung vor allem durch den Diffusionsvorgang. Dabei trocknen zunächst die oberflächennahen Schichten aus, während sich im Wandinnern lange ein Feuchtigkeitskern hält, da die Feuchtigkeit durch den Diffusionsvorgang nur in geringem Umfang an die Außenfläche transportiert wird. Obwohl Wände aus solchen Stoffen eine verhältnismäßig lange Zeit bis zur Austrocknung auf den endgültigen Feuchtigkeitsgehalt benötigen, sind die Wandoberflächen schon nach kurzer Zeit ziemlich abgetrocknet.

Austrocknungszeit

Baustoffe mit vielen kleinen und feinsten Kapillaren, z. B. Poroton-Ziegel, besitzen eine große Kapillarleitfähigkeit, die für den Austrocknungsvorgang in erster Linie bestimmend ist. Ausgehend von einer weitgehenden Wassersättigung des Körpers ist die Verdunstungsgeschwindigkeit zunächst nahezu konstant (1. Trocknungsphase).

Bei einem bestimmten Feuchtigkeitsgehalt der Wand reichen die Kapillarkräfte nicht mehr aus, um die für die maximale Verdunstungsgeschwindigkeit erforderliche Wassermenge aus dem Inneren des Stoffes an die Oberfläche zu transportieren. Dann beginnt die 2. Trocknungsperiode. Hierbei erfolgt die Feuchtigkeitsabgabe durch kombinierte Wirkung von sehr feinen Kapillaren und Wasserdampfdiffusion. Die Trocknungsphase hält bis zur Erreichung der dem Stoff eigenen hygroskopischen Gleichgewichtsfeuchte an.

Gleichgewichtsfeuchtigkeit

Baustoffe nehmen aufgrund ihres inneren Aufbaues (Art, Zahl, Größe und Verteilung der Hohlräume) bei jedem Luftzustand (relative Luftfeuchtigkeit und Temperatur) einen ganz bestimmten Feuchtigkeitsgehalt an, der sich nach genügend langer Lagerung des Stoffes in der Luft einstellt. Diese ›Gleichgewichtsfeuchtigkeit‹ liegt um so höher, je größer die relative Luftfeuchtigkeit bei einer bestimmten Temperatur ist. Untersuchungen über die Feuchtigkeit in den Wänden normal ausgetrockneter Bauten haben ergeben, daß die dabei gefundenen häufigsten Feuchtigkeitsgehalte für die verschiedenen Baustoffe kennzeichnende Werte aufweisen.

Wasserdampfdiffusion

Der Wasserdampfentwicklung in den Räumen steht die Feuchtigkeitsabfuhr gegenüber. Diese erfolgt einerseits durch natürliche oder künstliche Lüftung, andererseits mittels Diffusion durch die Bauteile. Bei geschlossenen Fenstern ohne Gummidichtung rechnet man bereits mit einem einmaligen vollständigen Luftwechsel in der Stunde über Fugen und Falze.

Die natürliche Lüftung von Innenräumen erfolgt aufgrund eines Druckunterschiedes zwischen Innenraum und Außenatmosphäre. Dieser Druckunterschied kann sich durch Staudruck oder Sog bei Wind aufbauen oder durch Dichteunterschiede der Innen- und Außenluft entstehen. Die Dichteunterschiede beruhen auf unterschiedlicher Ausdehnung der Gase und verschiedenen Temperaturzuständen zwischen Innen- und Außenatmosphäre.

Wasserdampfmoleküle befinden sich in ständiger Bewegung. Aufgrund dieser Bewegungen sind die Moleküle in der Lage, unterschiedliche Feuchtigkeitsgehalte benachbarter Luftmassen auszugleichen. Trennt ein Bauteil zwei Räume mit unterschiedlich hohem Wasserdampfgehalt, aber gleichem barometrischen Druck, so dringen infolge der hohen Molekularbewegungen Wassermoleküle in die Wand.

Innerhalb des Bauteils kommen die Molekularbewegungen auch in den Poren der Baustoffe nicht zum Stillstand, vielmehr durchwandern die Moleküle die Trennwand und treten an der freien Seite aus. Die Dampfdurchströmung eines Bauteils erfolgt also stets vom Gebiet der höheren Konzentration zur niedrigeren hin.

Das Fassungsvermögen der Luft für Wasserdampf ist abhängig von der Temperatur. Warme Luft kann mehr Feuchtigkeit aufnehmen als kalte.

Maximaler Wassergehalt der Luft (Sättigungskurve ≙ 100% relative Luftfeuchte)

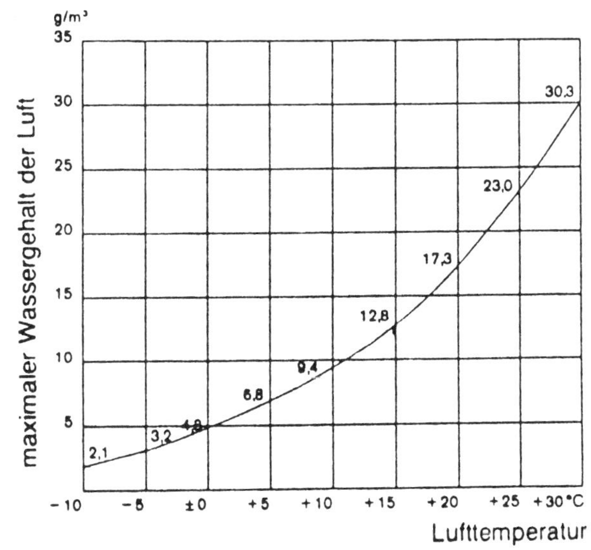

Relative Luftfeuchte

Ist bei einer bestimmten Temperatur die Sättigung der Luft mit Wasserdampf noch nicht erreicht, so bezeichnet man diesen Zustand als relative Luftfeuchte. In der Luft befinden sich also je nach Wasserdampfgehalt eine unterschiedliche Zahl von Wassermolekülen, die, wie jedes andere Gas, einen Druck ausüben. Die Teildrücke für Luft und Wasserdampf ergänzen sich dabei zum Gesamtluftdruck.

Taupunkt

Kühlt man ein Wasserdampf-Luft-Gemisch ab, so sinkt bei gleichbleibendem Partialdruck des Wasserdampfes der Sättigungsdruck, während die relative Luftfeuchte steigt. Bei einer bestimmten Temperatur, Taupunkttemperatur genannt, wird die relative Luftfeuchte gleich 100%. Dann ist Sättigung erreicht, d. h. Taupunkt ist die Temperatur, die eine Luftmasse ohne Wasserausscheidung annehmen kann.

Tauwasser

Eine Abkühlung unter die Taupunkttemperatur führt zur Bildung von Tauwasser. Das Wasser kondensiert an den in der Luft enthaltenen Kondensationskernen, es bildet sich Nebel, oder aber das Wasser schlägt sich an den Oberflächen fester Körper nieder – es bildet sich ›Tauwasser‹.

Tauwasserniederschlag an Oberflächen wird also bestimmt durch:

– Die Raumluftbedingungen, wie Temperatur und relative Luftfeuchte.
– Die Wärmeübergangsbedingungen an der inneren Oberfläche. Eine Behinde-

rung der Luftzirkulation durch Vorhänge und Möbel führt zu einer Erhöhung des Wärmeübergangswiderstandes und damit zu niedrigeren Oberflächentemperaturen.
- Die Wärmedämmfähigkeit der Konstruktion.
- Die Außentemperaturbedingungen sowie die Besonnungsverhältnisse.

Tauwasserniederschlag verschlechtert nicht nur das Raumklima, sondern führt zu Oberflächenschäden an Wänden, Decken und Mobiliar und kann durch tieferes Eindringen in die Konstruktion deren Wärmedämmung herabsetzen.

Wasserdampf-Diffusionsstromdichte

Das Ausgleichsbestreben unterschiedlicher Wasserdampfkonzentrationen bewirkt einen molekularen Feuchtigkeitstransport von der Seite des höheren Dampfdruckes zur Seite des niederen.

Die Größenordnung des Feuchtigkeitstransportes wird durch die Wasserdampf-Diffusionsstromdichte ausgedrückt. Sie wird noch beeinflußt von

- der Dampfdruckdifferenz.
  Mit steigender Dampfdruckdifferenz zwischen den Schichtoberflächen eines Bauteiles wird auch die Wasserdampf-Diffusionsstromdichte größer.
- der Wasserdampf-Diffusionswiderstandszahl.
  Sie ist eine Stoffkenngröße und gibt an, um wieviel der Diffusionswiderstand gegen Wasserdampf in der Stoffschicht größer ist als in einer Luftschicht gleicher Dicke. Luft hat die Diffusionswiderstandszahl 1.
- der Stoffdicke.
  Mit steigender Stoffschichtdicke wird die Wasserdampf-Diffusionsstromdichte ebenfalls kleiner.

Wasserdampfdiffusionsäquivalente Luftschichtdicke

Diese Vergleichsgröße bezeichnet die Dicke einer Luftschicht, die eine gleich große Dampfdichtigkeit aufweist wie eine Stoffschicht mit ihrer Wasserdampf-Diffusionswiderstandszahl und ihrer Dicke. Jede Baustoffschicht besitzt einen Wasserdampf-Durchlaßwiderstand.

Tauwasserbildung im Inneren von Bauteilen

Eine Tauwasserbildung in Bauteilen ist unschädlich, wenn durch Erhöhung des Feuchtegehaltes der Bau- und Dämmstoffe der Wärmeschutz und die Standsicherheit der Bauteile nicht gefährdet werden. Diese Voraussetzungen sind sichergestellt, wenn folgende Bedingungen erfüllt sind:

- Das während der Tauperiode durch Tauwasserbildung im Inneren des Bauteils anfallende Wasser muß während der Verdunstungsperiode wieder an die Umgebung abgeführt werden können.
- Die Baustoffe, die mit dem ausfallenden Tauwasser in Berührung kommen, dürfen dadurch nicht geschädigt werden (z. B. durch Korrosion oder Pilzbefall). Eine Erhöhung des massebezogenen Feuchtigkeitsgehaltes durch das ausfallende Wasser ist bei Holz um mehr als 5%, bei Holzwerkstoffen um mehr als 3% unzulässig.

An Grenzflächen zwischen einer nicht wasseraufnahmefähigen Schicht und einer Luftschicht oder einer wasserdurchlässigen Schicht darf diese flächenbezogene Wassermenge 0,5 kg/qm, in allen anderen Fällen 1,0 kg/qm nicht überschreiten.

Schlagregenbeanspruchung einer Außenwand

In der DIN 4108 sind in Teil 3 erstmals Angaben über den Schlagregenschutz enthalten. Diese Angaben sollen dazu beitragen, erhöhte Wandfeuchtigkeit durch Regeneinwirkung zu vermeiden, um einen dem Wandbaustoff entsprechenden Wärmeschutz zu erzielen.

Eine Beurteilung der Schlagregenbeanspruchung nach bestimmten großräumigen Gebieten (Regenkarten) ist, wie eingehende Untersuchungen gezeigt haben, nicht sinnvoll. Es müssen auch die örtliche Lage und die Größe des Gebäudes berücksichtigt werden. Deshalb werden die Beanspruchungsgruppen mit folgenden Erläuterungen definiert:

Beanspruchungsgruppe I
Geringe Schlagregenbeanspruchung:
Im allgemeinen Gebiete mit Jahresniederschlagsmengen unter 600 mm sowie besonders windgeschützte Lagen auch in Gebieten mit größeren Niederschlagsmengen.

Beanspruchungsgruppe II
Mittlere Schlagregenbeanspruchung:
Im allgemeinen Gebiete mit Jahresniederschlagsmengen von 600–800 mm sowie windgeschützte Lagen auch in Gebieten mit größeren Niederschlagsmengen. Hochhäuser und Häuser in exponierter Lage in Gebieten, die aufgrund der regionalen Regen- und Windverhältnisse einer geringen Schlagregenbeanspruchung zuzuordnen wären.

Beanspruchungsgruppe III
Starke Schlagregenbeanspruchung:
Im allgemeinen Gebiete mit Jahresniederschlagsmengen über 800 mm sowie windreiche Gebiete auch mit geringeren Niederschlagsmengen (z.B. Küstengebiete, Mittel- und Hochgebirgslagen, Alpenvorland). Hochhäuser und Häuser in exponierter Lage in Gebieten, die aufgrund der regionalen Regen- und Windverhältnisse einer mittleren Schlagregenbeanspruchung zuzuordnen wäre.

Entsprechend diesen drei Beanspruchungsgruppen wurden auch die Außenputze in drei Gruppen eingeteilt:

- Putze ohne besondere Anforderungen hinsichtlich des Regenschutzes
- wasserhemmende Putze
- wasserabweisende Putze.

Die Wasseraufnahme bei Beregnung wird durch den Wasseraufnahmekoeffizienten w, die Wasserabgabe in den Trocknungsperioden durch die diffusionsäquivalente Luftschichtdicke s der regenschützenden Schicht beurteilt.

Anforderungen

In der Beanspruchungsgruppe I sind keine besonderen Maßnahmen zu treffen. Neben Sicht- und Verblendmauerwerk mit und ohne Luftschicht nach DIN 1053, bekleidetes Mauerwerk nach DIN 18515, sind auch für Außenputze keine Qualitätsmerkmale nachzuweisen.

Für die Beanspruchungsgruppe II sind Maßnahmen erforderlich, die die Wasseraufnahme oder deren Weiterleitung in Grenzen halten. Außenputze müssen wasserhemmend ausgeführt werden. Sie gelten als wasserhemmend, wenn bei der Prüfung der Wasseraufnahmekoeffizient $w \leqq 2$ (kg/qm/$h^{0,5}$) und die diffusionsäquivalente Luftschichtdicke $s \leqq 2$ m ist.

Bei der Beanspruchungsgruppe III muß dafür gesorgt werden, daß die dämmenden Bauteile praktisch kein Wasser aufnehmen. Das ist durch Verblendmauerwerk mit und ohne Luftschicht oder durch Verwendung von wasserabweisenden Außenputzen, Beschichtungen oder Anstrichen zu erreichen.

Mineralische Außenputze nach DIN 18550 können in der Regel nur durch Zusätze wasserabweisende Eigenschaften erhalten. Die Erfüllung dieser Forderung ist durch eine Eignungsprüfung nachzuweisen.

Schlagregen

Nicht nur Wasserdampf wirkt auf Bauteile und Baustoffe ein, sondern auch Wasser. Die über Oberkante Terrain befindlichen Außenwände eines Gebäudes werden vor allem vom Schlagregen beansprucht. Darunter versteht man die unter Windeinwirkung auf die Oberfläche einer vertikalen Wand auftreffende Niederschlagsmenge.

Die Schlagregenmenge läßt sich bei freier, ungestörter Windströmung näherungsweise aus dem Kräftediagramm bestimmen, das in vertikaler Richtung die Schwerkraft des fallenden Regentropfens und dieser entgegen den Luftwiderstand sowie in horizontaler Richtung die Windkraft berücksichtigt. Unter dem Einfluß dieser Kräfte erreicht der Regentropfen seine resultierende Geschwindigkeit und seinen Einfallswinkel gegen die Wand.

Niederschläge zeigen jedoch im allgemeinen ein breites Tropfenspektrum und sind, insbesondere wenn es sich um Schauerniederschläge handelt, mit stark böigen und in der Richtung wechselnden Winden verbunden.

Bei Beregnung kann Wasser in Außenbauteile durch Kapillarwirkung eindringen. Außerdem kann unter dem Einfluß des Staudruckes bei Windanströmung durch Spalten, Risse und fehlerhafte Stellen im Bereich der gesamten der Witterung ausgesetzten Flächen Wasser in oder durch die Konstruktion geleitet werden.

Die tatsächlich auf eine Hauswand auftreffende Schlagregenmenge ist in starkem Maße von den Umströmungsverhältnissen abhängig. Einen Einfluß haben nicht nur die Höhe und die Form des Gebäudes, sondern auch die in der Nachbarschaft vorhandenen Strömungshindernisse.

An einer direkt angeströmten Hauswand können sowohl abwärts als auch aufwärts gerichtete Strömungen auftreten. An den Gebäudekanten kommt es zu Einschnürungen der Stromlinien und damit zu einer Konzentration der Regentropfen. Demzufolge werden die äußeren Zonen eines Gebäudes wesentlich stärker durch Schlagregen beansprucht als die Mitte einer Fassade.

Bei einem Hochhaus mit entsprechend weit vorgelagertem Wirbelgebiet kann z. B. die bremsende Wirkung des vor dem Gebäude entstehenden Luftpolsters so groß werden, daß erst bei höheren Windgeschwindigkeiten Schlagregen auf die Fassade auftrifft.

Eine rechnerische Ermittlung der Schlagregenmenge und ihrer Verteilung auf einer Fassade ist wegen der aufgeführten komplizierten Zusammenhänge nicht möglich. Je nach Gebäudelage und -größe muß bei Schlechtwetterperioden jedoch damit gerechnet werden, daß bei Schlagregen auf eine senkrechte Wand eine Wassermenge von 30–45 l/qm und Monat anfällt. In extremen Fällen ist der hierbei entstehende Wasserdruck dem von horizontal stehendem Wasser gleichzusetzen.

Wasserbelastung

Die Wasserbelastung einer Wand entsteht durch das von außen auftretende und in die Wand versickernde Regenwasser. Ihm gleichzusetzen ist das Schmelzwasser von Schnee und Eis. Das Regenwasser dringt durch offene Fugen sowie Risse in die Fassade ein und verteilt sich in der Wand durch Kapillarkräfte, Temperaturgefälle in der Wand. Dies ist besonders augenfällig im Winter, Frühjahr und Spätherbst, bedingt durch den Anfall von Tauwasser. Es fällt an der Kondensfront an, die innerhalb der Wand liegt und deren Lage sich nach der Witterung und der Außen- sowie Innentemperatur laufend verändert. Eine unangenehme Eigenschaft dieses Tauwasser ist, daß es auch in porösem Dämmaterial mit geschlossenen Zellen anfallen kann, so daß diese Zellen dadurch mit Wasser gefüllt werden. Dem Tauwasser gleichbedeutend ist der Dampf, der von einer Kondensfront zu Wasser wird, wenn diese Kondensfront aus nassem und stark wasserhaltigen Fassadenmaterial besteht.

Der Wasserhaushalt einer Wand wird bestimmt von der Fähigkeit des Wandmaterials, Regenwasser aufzusaugen oder unter Winddruck aufzunehmen und andererseits in kurzer oder langer Zeit wieder auszudampfen. Dazu kommen noch die Wasserbelastungen durch Kondenswasser und Taupunktwasser, die additiv zu dem Regenwasser hinzukommen und genauso ausgedampft werden müssen.

Der Wasserhaushalt ist gesund und normal, wenn alles eingedrungene Wasser schnell wieder herausdampfen kann, damit der der Witterung angemessene Zustand – die Ausgleichsfeuchtigkeit – erreicht wird.

Gestört ist der Wasserhaushalt dann, wenn zwar das Wasser in großen Mengen eindringen kann, aber daran gehindert wird, wieder zügig abzudampfen. Die Wand ist richtig aufgebaut, wenn eindringendes Wasser so zügig wieder abgegeben wird, daß unter Berücksichtigung der stoffabhängigen normalen Feuchtigkeit längerfristig keine Wasserpolster im Wandquerschnitt entstehen können.

Zur Zeit ist es noch nicht möglich, die Wasser- und Dampfbewegungen durch den Stoff und an den Grenzflächen in Abhängigkeit von Zeit, Temperatur, Luftfeuchtigkeit, Winddruck, Kapillarkräften und pH-Werten darzustellen.

Windbelastung

Die Windlast eines Bauwerkes ist von seiner Gestalt abhängig. Sie setzt sich aus Druck- und Sogwirkungen zusammen. Die auf die Flächeneinheit entfallende Windlast w wird in Vielfachen des ›Staudrucks q‹ gemessen und ausgedrückt in der Formel

$w = c \cdot q$ kp/qm,

wobei c ein von der Gestalt des Baukörpers abhängiger Beiwert ist. Die in verschiedenen Höhen über dem umgebenden Gelände in Rechnung zu stellende Windgeschwindigkeit und der zugehörige Staudruck q sind in der nachfolgenden Tabelle angegeben.

Höhe über Gelände/m	Windgeschwindigkeit v (m/s)	Staudruck q kp/qm
von 0– 8	28,3	50
über 8– 20	35,8	80
20–100	42,0	110
100–∞	45,6	130

Feuchtetransport in Bauteilen

Der Feuchtetransport in Bauteilen stellt einen relativ komplexen Vorgang dar, bei dem in üblichen porösen Baustoffen Sorptions-, Diffusions- und Kapillaritätseffekte überlagert auftreten. Ob und mit welcher Intensität diese Einzeleffekte wirksam werden, hängt von der Porenstruktur und den hygroskopischen Eigenschaften des Baustoffes ab. Umgebungsseitig werden die Transportvorgänge durch die natürlichen thermischen (Lufttemperatur, Besonnung) und hygrischen (Luftfeuchte, Beregnung) Klimaeinwirkungen beeinflußt.

Dieser tatsächliche Feuchtehaushalt von Bauteilen, der für die Beständigkeit, die Funktionssicherheit und die wohnhygienischen Verhältnisse von erheblicher Bedeutung ist, wird bisher überwiegend experimentell untersucht. Die praxisübliche rechnerische Beschreibung des Feuchtetransportes konzentriert sich auf Teilaspekte des tatsächlichen Geschehens, nämlich auf den Sonderfall der stationären Wasserdampfdiffusion.

Die rechnerische feuchtetechnische Beurteilung von Bauschäden wird praktisch nach einem genormten Verfahren unter fixierten stationären Temperatur- und Feuchterandbedingungen für eine Befeuchtungs- (60 Tage) und eine Trocknungsperiode (90 Tage) vorgenommen. Dieses Verfahren beruht auf einem Diffusionsmodell nach Glaser. Sorptions- und kapillare Transportvorgänge werden dabei nicht erfaßt. Obwohl diese Ansätze – bekannterweise – für die Ermittlung des tatsächlichen Feuchtehaushaltes bauphysikalisch nicht befriedigen, stellen sie doch bislang die einzigen rechnerischen Grundlagen für eine feuchtetechnische Beurteilung von Baukonstruktionen dar.

Dampfdiffusion — Wasserdampfmoleküle der warmen Raumluft innen diffundieren durch die Wand nach außen, um die Wasserdampfteildruckdifferenz auszugleichen, Luftmoleküle wandern in die entgegengesetzte Richtung

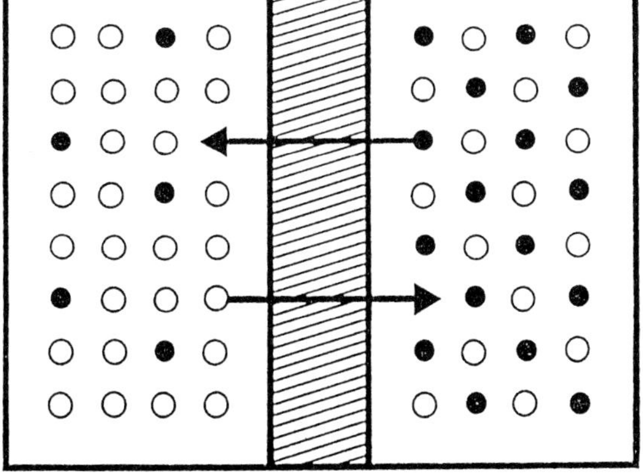

Feuchtigkeitsaufnahme und -abgabe von Baustoffen

Neben der Temperatur der Raumluft und der raumumschließenden Oberflächen ist die Luftfeuchtigkeit eine der Größen, die bei der Beschreibung und Beurteilung des Klimas in einem Raum zu berücksichtigen sind. Die Höhe bzw. der zeitliche Verlauf der Luftfeuchtigkeit in einem Raum hängen von folgenden Einflüssen ab:

- Von der im Raum produzierten Feuchtigkeitsmenge
- vom Austausch zwischen Raumluft und Außenluft und der dadurch bedingten Feuchtigkeitszufuhr bzw. -abfuhr
- von der Wasserdampfaufnahme bzw. -abgabe der Oberflächenschichten von Umfassungsflächen und Gegenständen im Raum (Wasserdampfabsorption bzw. Desorption, allgemein Wasserdampfsorption genannt).

Der letztgenannte Einfluß beruht darauf, daß der Feuchtigkeitsgehalt von hygroskopischen Stoffen vom Feuchtigkeitsgehalt der umgebenden Luft abhängt. Diese Abhängigkeit ist gerade bei Stoffen, die bei der Innenausstattung von Räumen verwendet werden – nämlich Papier (Tapeten), Textilien (Teppiche, Vorhänge, Polster) und Holz – besonders ausgeprägt. Metalle, Glas und einige Kunststoffe sind hingegen nicht hygroskopisch und können daher praktisch keine Feuchtigkeit aufnehmen.

Bei einer Änderung der Raumluftfeuchtigkeit ändert sich auch der Feuchtigkeitsgehalt von hygroskopischen Stoffen, die sich im Raum befinden. Daher ist bei einer bestimmten Feuchtigkeitszufuhr oder einem Feuchtigkeitsentzug aus dem Raum die Änderung der Raumluftfeuchtigkeit um so geringer, je größer die an Oberflächen sorbierte Feuchtigkeitsmenge ist. Letztere wird bestimmt durch den Flächenanteil sorptionsfähiger Stoffe, durch die Abhängigkeit zwischen dem hygroskopischen Stoffeuchtigkeitsgehalt und der relativen Luftfeuchtigkeit und von der Geschwindigkeit, mit der die Sorptionsvorgänge verlaufen.

Man erkennt daraus, daß der Feuchtigkeitsgehalt von hygroskopischen Stoffen rasch auf Änderung der Luftfeuchtigkeit reagiert. Es ist daher verständlich, daß in Räumen mit tapezierten Wänden, mit Teppichböden und dergleichen der Verlauf der relativen Luftfeuchte maßgeblich beeinflußt wird durch die an Oberflächen im Raum stattfindende Feuchtigkeitssorption. Gleichzeitig erhebt sich die Frage, welche Verhältnisse der Luftfeuchtigkeit in Räumen zu erwarten sind, in denen praktisch keine oder nur in geringem Maße sorptionsfähige Stoffe vorhanden sind.

Der kritische Feuchtigkeitsgehalt von Baustoffen

In porösen Baustoffen kann die Feuchtigkeit in dampfförmiger und flüssiger Phase transportiert werden. Treibende Kräfte für diese Transportvorgänge sind das Partialdruckgefälle des Wasserdampfes und die im Inneren des Baustoffes wirksamen Kapillarkräfte. Durch das Zusammenwirken der genannten Transportvorgänge werden der Feuchtigkeitsgehalt und die Feuchtigkeitsverteilung im Baustoff bestimmt.

Während über die Diffusionsvorgänge bereits gesicherte quantitative Aussagen möglich sind, fehlen weitgehend gesicherte Angaben über die Größe des kapillaren Wassertransportes im Material. Obwohl im Einzelfall durch Kapillarleitung wesentlich größere Feuchtigkeitsmengen transportiert werden als durch Wasserdampfdiffusion, sind die bisherigen Betrachtungen der kapillaren Transportvorgänge größtenteils unberücksichtigt geblieben. Die Gründe liegen darin, daß der kapillare Flüssigkeitstransport von vielfältigen Einflußgrößen abhängig und daher nur schwer zu überschauen ist.

Kapillartransport

Der Transport von Wasser in porösen Baumaterialien wird durch Kapillarkräfte bewirkt. Diese sind im wesentlichen von der Porenstruktur des Materials, aber auch von dessen Feuchtigkeitsgehalt abhängig.

Zwischen den üblichen Baustoffen ergeben sich erhebliche Unterschiede. So ist bekannt, daß der Ziegel eine relativ starke Saugfähigkeit besitzt und imstande ist, das aufgesaugte Wasser rasch weiterzuleiten. Beton zeigt dagegen nur eine geringe Saugfähigkeit, verbunden mit einer geringen Transportgeschwindigkeit für Wasser.

Das Verhalten eines Baustoffes gegenüber Wasser kann durch verschiedene materialspezifische Kennwerte beschrieben werden:

Wasseraufnahmekoeffizient
Der Wasseraufnahmekoeffizient oder auch A-Wert beschreibt die Wasseraufnahme eines Materials, wenn dieses in unmittelbaren Kontakt mit Wasser kommt, wie das z.B. bei Beregnung von Außenwänden der Fall ist. Der A-Wert sagt aus, welche Wassermenge je Zeiteinheit über die Saugfläche des Materials unter vorgegebenen Randbedingungen aufgenommen wird.

Wasserkapazität
Die unter praktischen Bedingungen mögliche Wasseraufnahme des Materials wird durch den Wert der Wasserkapazität angegeben. In der Regel zeigt sich, daß die Wasseraufnahme eines Materials unter praktischen Bedingungen kleiner ist als es dem Porenanteil des Materials entspricht. Das bedeutet, daß bei einer unter praktischen Bedingungen eingetretenen Wassersättigung nicht alle Poren restlos mit Wasser gefüllt, sondern daß im Material noch Lufteinschlüsse vorhanden sind.

Sättigungsfeuchtigkeitsgehalt
Sind alle Poren des Materials restlos mit Wasser gefüllt, so hat das Material den Sättigungsfeuchtigkeitsgehalt angenommen.

Mechanismus des kapillaren Wassertransportes
Die meisten Baumaterialien sind von einem Netzwerk vielfach verzweigter und miteinander verbundener Kapillaren wechselnder Form und Größe durchzogen. Unter der Wirkung von Kapillarkräften kann durch dieses Kapillarsystem flüssiges Wasser transportiert werden. Eine wesentliche Voraussetzung für einen derartigen kapillaren Transport ist jedoch, daß der Transportweg durchgehend mit Wasser gefüllt ist. Befindet sich im Kapillarsystem nur eine so geringe Feuchtigkeitsmenge, daß sich auf den Transportwegen nur einzelne, nicht miteinander verbundene Wasserinseln bilden, so ist ein kapillarer Transport nicht möglich. Feuchtigkeit kann in diesem Fall von einer Wasserinsel zur anderen nur durch Dampfdiffusion transportiert werden. Damit wird deutlich, daß der kapillare Wassertransport in einem Material nicht nur allein von der Porenstruktur abhängig ist, sondern in entscheidendem Maße auch davon, welche Feuchtigkeitsmenge sich im Porensystem befindet.

Austrocknungszeit

Der Austrocknungsverlauf der Baustoffe wird, außer von den außenklimatischen Bedingungen, durch den Wohnbetrieb mehr oder weniger stark beeinflußt. Die Austrocknung wird durch Lüftung und Beheizung im allgemeinen beschleunigt, durch starken Wasserdampfanteil ohne Lüftung und Beheizung verzögert, unter Umständen sogar verhindert oder rückgängig gemacht.

Die Austrocknung von Mauerwerk läßt sich nach Cadiergues nach der Formel $t = s \times d^2$ abschätzen.

Hierin ist:
d = Wanddicke in cm
s = Baustoffkenngröße,
z. B.

Kalkmörtel	0,25
Ziegel/Poroton	0,28
Fichtenholz	0,90
Kalkstein	1,20
Porenbeton	1,20
Leichtbeton	1,40
Schwerbeton	1,60
Zementmörtel	2,50

Austrocknung von Mauerwerk aus Poroton-Ziegeln und Poroton Blockziegeln-T:

Wanddicke cm	Austrocknungszeit Tage
17,5	86
24,0	161
30,0	252
36,5	373
49,0	672

Wassergehaltsverteilung in der Wand

(vor und nach dem Beschichten mit Putz oder Anstrich)

Wassergehaltsverteilung

Enthalten Baustoffe mehr Wasser als dem Gleichgewichtszustand mit ihrer Umgebung entspricht, so trocknen sie allmählich aus. Insbesondere Hölzer und zementgebundene Baustoffe wie Putze und Beton sind in frischem Zustand wassergesättigt und trocknen normalerweise während der Erstellung des Bauwerkes aus. Ist eine allseitige Austrocknung möglich, so enthalten die Kernzonen während der Austrocknung stets größere Wassermengen als die oberflächennahen Bereiche.

Da bei vielen Baustoffen aber Wassergehaltsänderungen mit Volumenänderungen verbunden sind, bewirkt eine ungleichmäßige Verteilung des Wassergehaltes innere Spannungen, die ihrerseits zu Formänderungen und schließlich sogar zu Rissen führen können. Bei frischem, relativ schnell trocknenden Beton und bei Putzen wird insbesondere auch die Festigkeitsentwicklung gestört. Es entsteht eine minderwertige Oberflächenschicht, die von netzartigen Schwindrissen durchsetzt sein kann.

Austrocknung unbeschichteter und beschichteter Bauteile

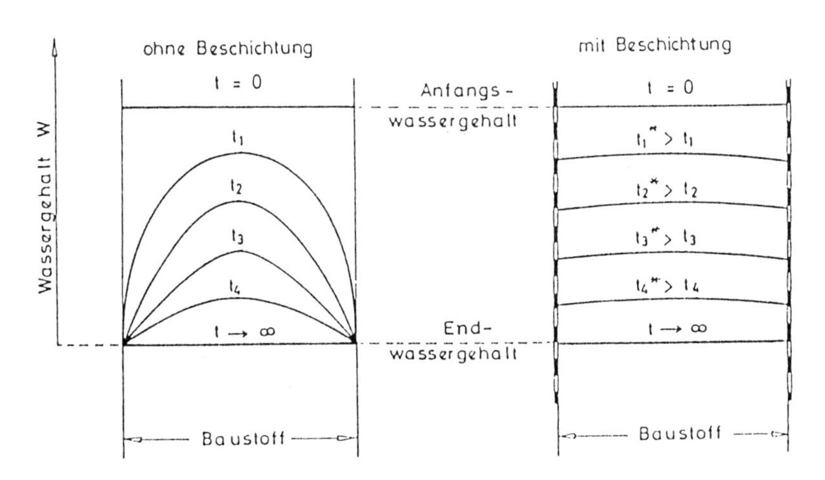

Vergleicht man die Wassergehalte im Querschnitt eines unbeschichteten und eines beschichteten Körpers während eines Trocknungsprozesses, so stellt man fest, daß im beschichteten Körper nicht nur die Verteilung des Wassers über den Querschnitt gleichmäßiger ist, sondern daß der Trocknungsvorgang (ebenso wie ein Quellvorgang) auch viel langsamer abläuft als bei unbeschichteten Körpern. Diese angestrebte Verhaltensweise eines Baustoffes zu erreichen, ist eine wichtige Aufgabe mancher Beschichtungen.

Beschichtungsarbeiten müssen nicht selten dann vorgenommen werden, wenn ein Untergrund sich gerade in einem Trocknungsvorgang befindet. Unmittelbar vor dem Beschichten hat dann der Untergrund eine relativ trockene Oberflächenzone und einen relativ feuchten Kern. Eine Messung des Wassergehaltes nahe der Oberfläche würde also einen relativ trockenen Untergrund vortäuschen. Wird in diesem Zustand beschichtet, so wird eine Verlangsamung der weiteren Austrocknung und eine Umlagerung der Wasserverteilung über den Querschnitt des Körpers bewirkt. Für einen plattenförmigen Bauteil, der über die beiden gegenüberliegenden Oberflächen austrocknet, ist der beschriebene Vorgang in der Darstellung ersichtlich.

Wassergehaltsanstieg unter der Beschichtung als Folge von Wassergehaltsumlagerungen nach dem Beschichten

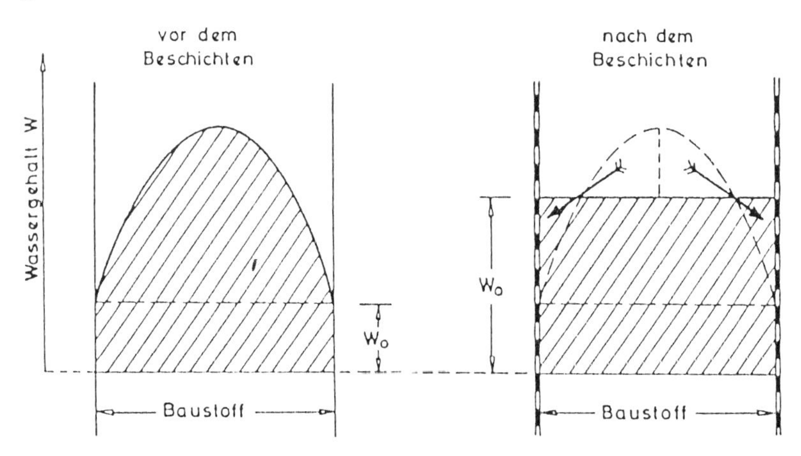

Im unbeschichteten Zustand liegen niedere Wassergehalte an den Oberflächen und hohe in den Kernzonen vor. Nach dem Beschichten findet ein Ausgleich der Wassergehalte statt, der an der Grenzfläche zwischen Untergrund und Beschichtung einen Anstieg des Wassergehaltes zur Folge hat. Daher ist es wenig sinnvoll, den Wassergehalt eines zu beschichtenden Untergrundes unmittelbar vor dem Beschichten nur nahe der Oberfläche zu messen und, sobald dort das zulässige Maß erreicht ist, mit dem Beschichten zu beginnen.

Während bei symmetrischen Bedingungen, wie sie den Darstellungen zugrunde liegen, eine relativ dichte Beschichtung ausgleichend auf die Wassergehaltsverteilung wirkt, kann eine einseitige Beschichtung um so günstiger wirken, je dichter sie ist; asymmetrische Wassergehaltsverteilung und als deren Folge Verwölbungen und möglicherweise auch Risse sind insbesondere bei relativ dünnschichtigen Untergründen anzutreffen.

Fassadenschäden durch Wasserdampfdiffusion?

Folgende Arten von Schadensfällen, die bei Mauerwerk mit relativ dünnen Schichten an der Außenseite – z. B. bei Belägen aus Glasmosaik, keramischen Platten oder Kunstharzbeschichtungen – auftreten, werden nicht selten auf die Auswirkung der Wasserdampfdiffusion in den Außenwänden zurückgeführt:
Fall 1: Die dichte Außenschicht löst sich, örtlich begrenzt oder großflächig, vom Untergrund ab (Hohlstellen, Abplatzungen); bei Kunstharzbeschichtungen bilden sich Blasen.
Fall 2: In der äußeren Wandzone hinter der dichten Schicht ist ein erhöhter Feuchtigkeitsgehalt festzustellen.

Tatsächlich wird durch eine dichte Außenschicht der örtliche Dampfdruckverlauf in einer Wand deutlich beeinflußt. Wie die schematische Darstellung im folgenden Bild zeigt, reduziert eine dichte Außenschicht das Dampfdruckgefälle in der eigentlichen Wand. Hinter der Außenschicht wird sich bei winterlichen Verhältnissen ein höherer Dampfdruck einstellen, als wenn diese Schicht nicht vorhanden wäre.

Die Folgerung, daß der erhöhte Dampfdruck bzw. der am Entweichen nach außen behinderte Dampf die dichte Außenschicht ›abdrückt‹, ist physikalisch nicht haltbar. Derartige Kräfte können durch Dampfdrücke in dem in Frage kommenden Temperaturbereich nicht auftreten. Eine Feuchtigkeitserhöhung hinter der dichten Außenschicht infolge Dampfdiffusion und innerer Kondensation ist aber möglich. Allerdings sind in den Fällen, in denen Schäden erkennbar werden, meist andere Einflüsse wirksam.

Die eigentlichen Ursachen der genannten Schadensfälle werden im folgenden behandelt:
Fall 1: *Abplatzungen der Außenschicht, Blasenbildung*
Schäden dieser Art sind immer auf unterschiedliche Eigenschaften der Formänderungen zurückzuführen. Wenn die dadurch entstehenden Schwerkräfte die Haftfestigkeit zwischen den beiden Stoffen überschreiten, tritt eine Ablösung auf (Hohlstellen, Abplatzung der Außenschicht, Blasenbildung).

Die unterschiedlichen Formänderungen können thermischen oder hygrischen Ursprungs sein (unterschiedliche Wärmeausdehnung, Frostspannungen, unterschiedliches Quellen und Schwinden). Insbesondere Beschichtungen aus Kunstharzdispersionen weisen häufig eine starke Quellfähigkeit auf. Außerdem nimmt die Haftfestigkeit mit zunehmendem Feuchtigkeitsgehalt des Untergrundes ab. Wenn durch eine Beschädigung in der Außenschicht Regenfeuchtigkeit eindringt, kann bei auftretendem Haftverlust die Beschichtung ungehindert quellen (Blasenbildung).
Fall 2: *Erhöhte Wandfeuchtigkeit in der Außenzone*
Durch innere Kondensation kann bei hygroskopischen und kapillarleitfähigen Stoffen – um solche handelt es sich bei üblichem Mauerwerk – keine bis zur Sättigung führende Erhöhung des Wassergehaltes auftreten. Wenn dies trotzdem

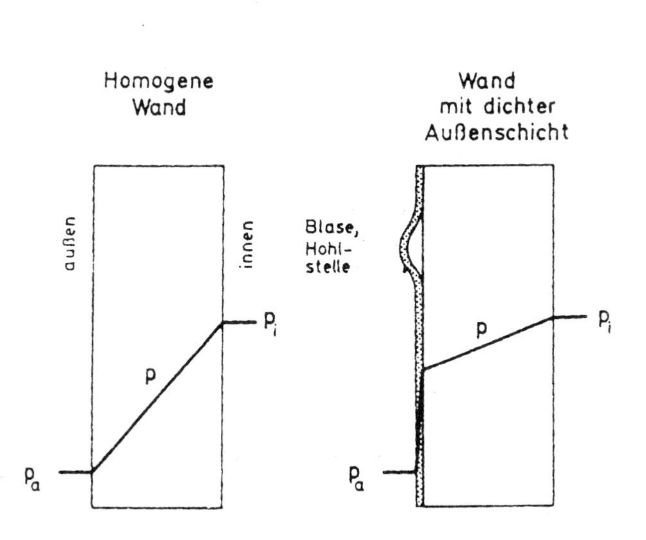

Schematische Darstellung des Dampfdruckverlaufes p über den Querschnitt von Außenwänden: Links: homogene, einschichtige Wand. Rechts: Wand mit Außenschicht; geringe Wasserdampf-Durchlässigkeit. Das Auftreten von Blasen oder Hohlstellen in der Außenschicht ist nicht auf den höheren Wasserdampf-Partialdruck an der Außenseite der Wand hinter der Beschichtung zurückzuführen.

der Fall ist und wenn insbesondere Feuchtigkeitsflecken auf der Wandinnenseite sichtbar werden, dann wird die Feuchtigkeitserhöhung in der Regel durch Regeneinwirkung verursacht. Im Gegensatz zur Wirkung der Dampfdiffusion ist bei Beregnung eine völlige Wassersättigung möglich, nämlich dann, wenn ein Mißverhältnis zwischen der Wasseraufnahme einer Wand bei Beregnung und bei Trocknung besteht.

Wasser- und Gasdurchlässigkeit von Dispersionsanstrichen auf Putzuntergründen

Die Wasser- und Gasdurchlässigkeit von Dispersionsfarbfilmen spielt in der Praxis eine große Rolle. Diese Größen haben eine wichtige Bedeutung bei der Putzerhärtung und -austrocknung. Anstrichen aus Dispersionsfarben sagt man im allgemeinen nach, sie seien ›atmungsaktiv‹. Hierunter versteht man, daß diese Anstriche sowohl für Wasserdampf als auch für Gase durchlässig sein sollen. Mindest- und Höchstwerte sind jedoch nicht vorgeschrieben.

Im folgenden soll die Austrocknung von mit Dispersionsfarben gestrichenen Putzuntergründen sowie die Wasser- und Gasdurchlässigkeit von Dispersionsfarbanstrichen erörtert werden.

Es konnte festgestellt werden, daß Zusammenhänge zwischen der Austrocknung sowie der Gas- und Wasserdurchlässigkeit bestehen. Bei porösen Baustoffen liegen zwei Trocknungsarten vor, und zwar die durch die Flüssigkeitsleitzahl beeinflußte Kapillaraustrocknung und die von der Wasserdampfzahl abhängige Dampfdiffusionsaustrocknung. Bei der Austrocknung eines Putzes liegen aber drei Trocknungsabschnitte vor:
- die reine Kapillaraustrocknung
- die gemeinsame Dampfdiffusions- und Kapillaraustrocknung
- die reine Dampfdiffusionsaustrocknung.

Bei der Austrocknung eines völlig durchnäßten Putzes kann die Dampfdiffusionstrocknung so lange vernachlässigt werden, wie die Kapillaren bis zur Putzoberfläche mit Wasser gefüllt sind.

DieTrockenzeit eines mit Dispersionsfarben gestrichenen nassen Kalkzementputzes ist abhängig von der Geschwindigkeit des Wassernachschubs an die Grenzfläche Putz/Anstrich. Es treten Verzögerungen in der Austrocknung auf, die von der Anquellzeit des jeweiligen Anstrichfilms abhängig sind. Die Schichtstärke des Dispersionsanstrichfilmes spielt bei der Austrocknungsgeschwindigkeit nur eine untergeordnete Rolle.

Wärme- und Stoffübertragung an Außenwandoberflächen

Unter der Feuchtigkeitseinwirkung von außen und innen kann in die Außenwand eines Gebäudes auf verschiedene Weise Feuchtigkeit gelangen:

- Durch Wasseraufnahme bei Schlagregenbelastung der äußeren Wandoberfläche.
- Durch Kondensation von Raumluftfeuchtigkeit auf der Innenwandoberfläche oder im Wandinneren.

Feuchtigkeitsaufnahme und die Trocknungsmöglichkeiten der Wand bestimmen, welcher Feuchtigkeitsgehalt sich auf Dauer im Material einstellt. Eine mangelnde Trocknungsmöglichkeit der Wand führt zu einer nachteiligen Erhöhung der Wandfeuchtigkeit oder im Extremfall zur völligen Wassersättigung und damit zur Beeinträchtigung des Wärmeschutzes, vielfach auch zu Feuchte- und Frostschäden. Bei der Betrachtung des Feuchtehaushaltes von Außenwänden müssen daher sowohl die Verhältnisse der Feuchtigkeitsaufnahme als auch die der Feuchtigkeitsabgabe Berücksichtigung finden.

Während über die Feuchtigkeitseinwirkungen vom Raum her (Diffusion, Kondensation) quantitative Aussagen anhand des Glaser-Verfahrens möglich sind, fehlen weitgehend Angaben über die Niederschlagswirkungen sowie das von vielfältigen metereologischen und bautechnischen Gegebenheiten abhängige Trocknungsverhalten der Außenwände. Obwohl im Einzelfall durch Wasseraufnahme bei Schlagregenbeanspruchung oder die Feuchtigkeitsabgabe bei einer Oberflächenverdunstung erheblich größere Feuchtigkeitsmengen transportiert werden als bei Diffusionsvorgängen, ist eine rechnerische Abschätzung infolge der schwer überschaubaren und stark wechselnden Verhältnisse noch nicht möglich.

Die Austrocknung eines feuchten, kapillarporösen Materials

Aus den vorstehenden Darlegungen geht hervor, daß die Austrocknung eines feuchten kapillarporösen Materials durch das Zusammenwirken zweier Vorgänge bestimmt wird:

1. Durch den Feuchtigkeitsübergang von der Materialoberfläche an die umgebende Luft.
2. Durch den Feuchtigkeitstransport vom Materialinneren von Zonen höheren Feuchtigkeitsgehaltes zur Austauschfläche hin.

Beiden Vorgängen stehen im Verlaufe der Austrocknung eines Materials mehr oder weniger große Widerstände entgegen. Daraus erklären sich die unterschiedlichen Trocknungsphasen im Trocknungsablauf eines Materials.

Ausgehend von einem wassergesättigten Zustand ergibt sich im Trocknungsablauf zunächst eine Periode annähernd gleichbleibender Trocknungsgeschwindigkeit, an die sich nach Erreichen eines mehr oder weniger stark ausgeprägten Knickpunktes eine Phase stark abnehmender Trocknungsgeschwindigkeit anschließt. In der Trocknungstechnik wird von einem ersten und einem zweiten Trocknungsabschnitt gesprochen.

Kennzeichen des ersten Trocknungsabschnittes ist die Wasserverdunstung an der Materialoberfläche. Die Feuchtigkeitsnachlieferung zu den Verdunstungsstellen an der Oberfläche erfolgt durch kapillaren Flüssigkeitstransport. Als Folge des sich mit fortschreitender Austrocknung ausbildenden Feuchtigkeitsgefälles wird unter

Wirkung von Kapillarkräften ein Transport flüssigen Wassers aus den feuchten inneren Materialschichten zur Oberfläche hin bewirkt. Da in der Regel die auf diesem Weg transportierten Feuchtigkeitsmängel ausreichen, um die an der Oberfläche unter den herrschenden Verdunstungsbedingungen abgegebenen Feuchtigkeitsmengen zu decken, bleibt der Verdunstungsspiegel während des ersten Trocknungsabschnittes an der Materialoberfläche, und die Feuchtigkeitsabgabe wird weitgehend allein durch die äußeren Stoffübergangsbedingungen bestimmt.

Der zweite Trocknungsabschnitt beginnt dann, wenn der Feuchtigkeitsnachschub zur Materialoberfläche nicht mehr ausreichend ist. Als Folge davon verlagert sich der Verdunstungsspiegel in das Materialinnere, und an der Materialoberfläche herrscht nicht mehr der zur Temperatur der Oberfläche zugehörige Sättigungsdampfdruck. Die Trocknungsgeschwindigkeit hängt in dieser Phase der Trocknung nicht mehr allein von den äußeren Stoffübergangsbedingungen ab, sondern auch von materialeigenen Größen, die den Dampf- und Flüssigkeitstransport im Materialinneren beschreiben, wie die Kapillarleitfähigkeit und die Dampfdiffusion.

Einfluß der Lufttemperatur

Eine Temperaturerhöhung in der Außenluft führt in der Regel auch zu einer Zunahme des Verdunstungsstromes. Das gilt insbesondere bei einer starken Luftbewegung an der Austauschfläche, wobei sich im Temperaturbereich von −20° bis +30° der Verdunstungsstrom verfünffacht. Bei schwacher Luftbewegung an der Austauschfläche und hohen Luftfeuchtigkeiten kann eine Erhöhung der Außenlufttemperatur zu einer Verminderung der Feuchtigkeitsabgabe führen.

Einfluß der Außenluftfeuchtigkeit

Sinkt die Feuchtigkeit der Außenluft, so vergrößert sich das treibende Dampfdruckgefälle zwischen der Austauschfläche und der Luft. Als Folge davon nimmt der Verdunstungsstrom zu. Im Temperaturbereich über dem Gefrierpunkt führt eine Änderung der relativen Luftfeuchtigkeit von 80% auf 40% zu einer Steigerung der Verdunstungsrate im Mittel um den Faktor 2–3.

Einfluß der Luftströmung

Die Strömungsverhältnisse bestimmen, wie aus experimentellen Ergebnissen hervorgeht, in starkem Maße den Stoffaustausch. Entsprechend den Zusammenhängen ergäbe sich unter sonst gleichbleibenden Austauschbedingungen bei einer Änderung der Windgeschwindigkeit von 0 auf 10 m/sec eine Steigerung der Verdunstungsmenge etwa um den Faktor 6. Im niederen Temperaturbereich sinkt mit verstärkter Luftbewegung, als Folge der Verdunstungskühlung, die Oberflächentemperatur ab.

Einfluß der Sonneneinstrahlung

Wie dargelegt, führt bereits eine geringe Sonneneinstrahlung (diffuse Sonneneinstrahlung auf eine Nordwand) zu einer deutlichen Vergrößerung des ausgetauschten Stoffstromes. Zieht man in Betracht, daß die strahlungsbedingte Energielieferung an eine direkt besonnte Wand die durch Konvektion und Wärmeleitung zugeführten Energiemengen um ein Mehrfaches übersteigen kann, so wird deutlich, daß dieser Einflußgröße eine dominierende Bedeutung zukommt.

Einfluß der Wärmedämmung der Wand

Unter den zugrundeliegenden Randbedingungen dieser Betrachtung erbringt die Änderung der Wärmedämmeigenschaften einer Außenwand innerhalb der die Praxis interessierenden Grenzen keine nennenswerten Auswirkungen auf die Größe des Stoffüberganges.

Einfluß des Feuchtigkeitszustandes der Steine auf das Trag- und Verformungsverhalten von Mauerwerk

Als Haupteinflüsse für das Trag- und Verformungsverhalten von Mauerwerk bei mittiger Belastung werden die Druckfestigkeiten sowie die Verformungseigenschaften der Steine und des Mörtels angesehen.

Hinsichtlich des Tragverhaltens von Mauerwerk sind je nach Verarbeitungszustand der Steine zum Teil erhebliche Unterschiede zu erwarten. Unabhängig von ihrer Saugfähigkeit ist ein Einfluß der Steinart vorhanden. So führt bei den Hochlochziegeln in aller Regel die trockene Verarbeitung der Steine und bei den Kalksand- und Bimsbetonsteinen die naß-trockene Verarbeitung zu den größten Druckfestigkeiten. Die sich im Mauerwerk einstellende Mörtelfestigkeit ist mit ursächlich für die Unterschiede im Tragverhalten eines Mauerkörpers.

Das Verformungsverhalten der Mauerwerkskörper wird vom Feuchtigkeitszustand der Steine bei der Verarbeitung deutlich beeinflußt. Die sich im Mauerwerk einstellende Festigkeit wird wiederum von der Steinart und dem Feuchtigkeitszustand der Steine bei der Verarbeitung wesentlich beeinflußt. Die Unterschiede im Saugverhalten der Mauersteine im Kontakt mit den Mörteln sind im wesentlichen abhängig von der Steinart. Die trockenen Kalksand- und Bimsbetonsteine entziehen dem Mörtel über einen längeren Zeitraum mehr Wasser als die Hochlochziegel.

Steuerung der Mauerwerksfeuchtigkeit aus raumklimatischen Einflüssen

Feuchtigkeit auf Wänden

Wenn Wände feucht sind oder die Gefahr der vollständigen Durchfeuchtung besteht, muß mit verschiedenen, z. T. sehr unangenehmen Folgen für das Bauwerk und seine Bewohner gerechnet werden. Zunächst treten meist verstärkte Staubanhaftungen und Schimmelpilzbefall auf, verbunden mit muffigem Geruch. Es kann aber auch zur Ansiedlung von Hausschwamm, Moos und Algen kommen. Feuchte Wände verursachen ein Gefühl der Unbehaglichkeit durch kalte Luftbewegungen, erhöhen den Brennstoffbedarf und führen schließlich zu Anstrichschäden, Tapetenablösungen, Salzausblühungen und Frostschäden mit Zerstörungen des Mauerwerkes und Putzes.

Das Auftreten von Feuchtigkeit in den Wänden kann verschiedene Gründe haben. Oft ist es eine nicht ausreichende oder fehlende Sperrschicht gegen aufsteigende Feuchtigkeit, so daß Wasser aus dem Erdreich durch das kapillare Saugen der Steine und des Putzes in der Wand aufsteigt. Risse aller Art im Außenputz saugen gleichfalls an der Fassade ablaufendes Regenwasser an und transportieren es in das Innere der Wand.

Eine Durchfeuchtung kann aber auch durch Wasserdampfkondensation an der Wandoberfläche oder im Mauerwerk auftreten. In normalen Wohnungen ist jedoch bei den üblichen gemauerten Wänden der Feuchtigkeitsniederschlag meist gering. Die Feuchtigkeit wird von den Wänden und Decken aufgenommen und nach außen abgeleitet.

Grundlage des Wärmeschutzes sind sogenannte lufttrockene Wände. Aber nach der Errichtung eines Bauwerkes sind die Decken und Wände noch lange nicht abgetrocknet. Die Austrocknungszeiten verschiedener Wandbaustoffe schwanken zwischen drei Monaten und fünf Jahren, z. B.

- porosiertes Ziegelmauerwerk 0,365 m = 1 Jahr
- Bimsbeton 0,365 m = 5 Jahre.

In diesem Zusammenhang ist auch die Orientierung einer Wandfläche zur Himmelsrichtung ein wichtiges Kriterium.

Auch nach dem Austrocknen gibt es bei Wandbaustoffen keine 100%ige Trockenheit. Der Feuchtigkeitsgehalt liegt, je nach Material, zwischen 1 und 5 Vol.-%. Das sind Unterschiede, die Raumklima und Wärmedämmung lebenslang entscheidend beeinflussen können.

Für die wärme- und feuchtigkeitstechnische Beurteilung von Außenwandkonstruktionen ist es nicht nur erforderlich, das Wärmedämmvermögen einer Wand zu ermitteln, sondern auch deren feuchtigkeitstechnisches Verhalten zu bestimmen.

Wasserdampfdiffusion

Die meisten Baustoffe, besonders die Wärmedämmstoffe, lassen infolge Porosität Dampf mehr oder weniger hindurchströmen. Auch wenn kein Druckunterschied vorhanden ist, dringt ein an sich ruhiges Gas infolge seiner temperaturabhängigen Molekularbewegung in die Poren der Wand ein, und zwar in Richtung zur tieferen Temperatur. Feuchte-, Dichte- und Druckunterschiede lassen zusätzlich eine gerichtete Bewegung (Diffusion) entstehen. Deshalb ist es falsch, auf der kalten Seite einer Wand eine Dampfbremse oder gar eine Dampfsperre anzuordnen. Diese Diffusionsvorgänge gestatten es übrigens auch, daß Einbaufeuchte wieder aus der Wand entweicht, wenn man durch richtige Schichtenanordnung die Voraussetzungen dazu schafft.

Diffundiert der Wasserdampf im Temperaturgefälle durch poröse Baustoffe, so steigt mit abnehmender Temperatur die relative Feuchte, bis der Sättigungspunkt (Taupunkt) erreicht wird. An dieser Stelle fällt dann Wasser aus. So entsteht eine Durchfeuchtung des Bau- oder Dämmstoffes, dessen Dämmeigenschaft dadurch gemindert oder sogar stark verringert wird. Dies ist der eigentliche Grund, warum den Diffusionsvorgängen solche Bedeutung beigemessen wird.

Berechnung der Diffusionsmenge

Man kann durch ein vereinfachtes Verfahren (nach Glaser) die Diffusionsmengen und somit auch die Kondensatmengen innerhalb der Wand bestimmen. Diese Berechnung gestattet es auch festzustellen, ob in einem Wandaufbau mit seiner

Schichtenfolge überhaupt Kondensaterscheinungen auftreten können. Treten erhebliche Kondensationserscheinungen auf, so ist die Schichtenfolge des Wandaufbaus zu ändern. Durch die Berechnungen läßt sich auch die Frage nach der Anordnung der Dämmschicht außen oder innen eindeutiger beantworten.

Eine Tauwasserbildung auf der raumseitigen Oberfläche von Außenwänden tritt dann ein, wenn die Oberflächentemperatur der Wand unter die Taupunkttemperatur der Raumluft sinkt. Unter stationären Verhältnissen bestimmt der von der Schichtenfolge unabhängige Wärmedurchlaßwiderstand der Wand einschließlich Dämmschicht – zusammen mit den Lufttemperaturen zu beiden Seiten – die Oberflächentemperatur. Die Lage der Wärmedämmschicht ist daher unter diesen Voraussetzungen belanglos.

Unter Winterverhältnissen ist in beheizten Räumen in der Regel ein höherer Partialdruck des Wasserdampfes anzunehmen als im Freien. Infolge des dadurch gegebenen Dampfdruckunterschiedes diffundiert Wasserdampf in den Bauteil, der den betreffenden Raum dem Freien zu abgrenzt, sofern das Material dampfdurchlässig ist. Es kann dann zu Kondensation im Inneren des Bauteiles kommen.

Man kann eine solche Kondensation zulassen, wenn dadurch der Wärmeschutz des Bauteils nicht nennenswert gemindert wird und die Baustoffe durch das kondensierte Wasser nicht leiden. Dies trifft zu, wenn z. B. sichergestellt ist, daß das Kondensat, das in der Regel unter Winterverhältnissen anfällt, während des Sommers wieder aus dem Bauteil austrocknet und so eine im Laufe der Jahre zunehmende Durchfeuchtung des Bauteils vermieden wird.

Werden bei Außenwänden raumseitig Stoffschichten mit hoher Wärmedämmung und großer Dampfdurchlässigkeit angeordnet, außenseitig aber solche mit geringer Wärmedämmung und kleiner Dampfdurchlässigkeit, so besteht in hohem Maße Kondensationsgefahr, während bei umgekehrter Anordnung eine Kondensatbildung innerhalb des Bauteils vermieden wird. Durch Anordnung einer Dampfsperre auf der raumseitigen Oberfläche der innenseitig angebrachten Wärmedämmschicht kann die Kondensation innerhalb der Wand vermieden werden.

Neben den Schichten, der Wärmedämmung und der Dampfdurchlässigkeit der Schichten ist das Kapillarleitvermögen der Stoffe, auf denen das Kondensat anfällt, für die Konzentration des Wassers an der Kondensationsstelle und damit für mögliche Schäden von wesentlichem Einfluß. Ein Stoff mit großer Kapillarleitfähigkeit (Ziegel) ist in der Lage, das anfallende Kondensat über eine dickere Schicht zu verteilen und somit die Konzentration des Wassers zu mindern. Daraus ergibt sich:

Grundregel I

Richtige Schichtenfolge beachten! Wenn die einzelnen Diffusionswiderstände von innen nach außen immer kleiner werden, treten keine Kondensaterscheinungen innerhalb des Bauteils auf. Daher – im allgemeinen auf der kalten Seite – gegen niedrige Temperaturen dämmen und auf der warmen Seite gegen Wasserdampfeinflüsse sperren!

Grundregel II

Um die unerwünschte Oberflächenkondensation (Tauwasser) zu verhindern, muß man die Wärmedämmschicht entsprechend ausreichend bemessen. Die Wärmedämmung muß bei gleichen Temperaturverhältnissen um so stärker sein, je größer die Luftfeuchte der Rauminnenluft ist. Bei gegebenen Temperaturen und gegebenen Wärmeübergangskoeffizienten kann man für eine vorhandene relative Luftfeuchte den erforderlichen k-Wert berechnen. Erhöhung der Raumluftfeuchte verlangt größere Wärmedurchlaßwiderstände.

Feuchtedehnung und -schwindung von Mauerwerk

In der Praxis gibt es keine völlig trockenen Baustoffe und deshalb auch keine absolut trockenen Wände. Alle aus Steinen und Erde hergestellten Baustoffe wie Betone, Ziegel, Kalksandsteine usw. enthalten feine und feinste Hohlräume in Form von Poren, Kapillaren und Kanälen, in die Wasser und Wasserdampf einzudringen vermögen.

Formänderungen von Mauerwerk infolge Feuchtigkeitseinwirkungen werden unter dem Oberbegriff ›Feuchtedehnung‹ zusammengefaßt. Dazu gehören das weitgehend umkehrbare Schwinden bzw. Quellen sowie das erst bei hoher Temperatur umkehrbare chemisch-physikalische Quellen einiger Mauerziegel. Die Feuchtedehnung stellt im allgemeinen einen wesentlichen Anteil der möglichen gesamten Formänderungen von Mauerwerk dar. Sie kann deshalb die Rißsicherheit von Mauerwerkskonstruktionen wesentlich bestimmen. In diesem Zusammenhang ist die Kenntnis des Feuchtedehnverhaltens wichtig.

In früherer Zeit wurden fast ausschließlich Bauten mit keramischen Mauersteinen ausgeführt, die in bezug auf das Schwinden unproblematisch waren. Zudem waren die Mauerwerksbauteile relativ dick, was langsameres und damit rißungefährlicheres Schwinden bewirkte, und die Bauwerkshöhe relativ gering, so daß Schwindunterschiede zwischen benachbarten Bauteilen klein blieben.

Es sind jedoch im Laufe dieses Jahrhunderts andere Mauersteinarten, im wesentlichen Kalksandsteine, Gasbetonsteine sowie Beton- und Leichtbetonsteine dazugekommen. Deren Formänderungen, insbesondere die infolge Feuchtigkeitsänderung, können sich untereinander, aber auch vor allem gegenüber denen der Mauerziegel erheblich unterscheiden. Zudem hat sich die Bauweise geändert; die Bauteile sind im allgemeinen wesentlich dünner, was zu schnellerem, rißgefährlicheren Schwinden führt, und sie sind z.T. erheblich höher, wodurch sich Verformungsunterschiede vervielfachen können.

An einem Bauwerk werden meist verschiedenartige Mauersteine verwendet, die oft nur nach den Gesichtspunkten der Wirtschaftlichkeit, Bauphysik und der Tragfähigkeit ohne Beachtung der möglichen Verformungsunterschiede ausgewählt und eingesetzt werden.

Unter den verschiedenen Formänderungen (lastbedingte Formänderungen und Wärmedehnung) ist die Formänderung infolge Feuchtigkeitseinwirkung, im wesentlichen das Schwinden, von großer Bedeutung. Ihr Anteil an der gesamten Formänderung ist, außer bei den Mauerziegeln, meist sehr hoch und kann damit die Rißsicherheit erheblich beeinflussen. Über das Schwindverhalten von Mauerwerk aus den verschiedenen Mauersteinen liegen jedoch relativ wenige Untersuchungen vor.

Dies führt zu erheblichen Unsicherheiten bei der Beurteilung der Rißsicherheit von Mauerwerksbauten, was sich auf die Wirtschaftlichkeit bzw. Schadensfreiheit ungünstig auswirkt. Er ist deshalb als dringlich anzusehen, den Erkenntnisstand in bezug auf das Schwindverhalten von Mauerwerk zu erweitern.

Das Schwindverhalten der verschiedenen Mauerwerksarten ist abhängig von wesentlichen Einflußgrößen wie:

- Mauerstein- und Mörtelart
- Mörtelanteil im Mauerwerk und Bauteilgröße
- Alter und Lagerungsbedingungen bei Schwindbeginn
- Feuchtigkeitszustand bei Schwindbeginn.

Die Tabelle verdeutlicht die unterschiedlichen Schwindmaße der gängigsten Wandbaustoffe.

Bezeichnung der Bauteile		Schwindmaß in mm/m
Vollziegelmauerwerk	in Mörtelgr. II	0,016–0,073
Vollziegelmauerwerk	in Mörtelgr. III	0,008–0,020
HLZ-Mauerwerk	in Mörtelgr. II	0,081–0,145
HLZ-Mauerwerk	in Mörtelgr. III	0,111–0,168
KSV-Steinmauerwerk	in Mörtelgr. II	0,225–0,234
KSL-Steinmauerwerk	in Mörtelgr. II	0,209–0,233
Gasbetonsteinmauerwerk	in Mörtelgr. II	0,379–0,398
Beton (je nach Wasser- und Zementgehalt und Möglichkeit der Austrocknung)		0,140–0,180

Volumenverringerung infolge Feuchtigkeitsabgabe wird als Schwinden bezeichnet. Dieser Vorgang ist physikalischer Natur und weitgehend umkehrbar, was dann Quellen genannt wird. Da Schwindvorgänge im allgemeinen mit dem Entstehen von Zugspannungen verbunden sind, ist Schwinden bei wenig zugfesten Baustoffen wie Mauerwerk und Beton wesentlich bedeutungsvoller als das Quellen.

Bei nichtkeramischen Mauersteinen kann außer dem Schwinden analog zu Beton eine Volumenverringerung durch Karbonatisierung auftreten. Dieser Vorgang beruht auf der chemischen Reaktion der Luftkohlensäure mit bestimmten chemischen Verbindungen des Baustoffes und ist nicht umkehrbar.

Da im allgemeinen mehrere Arten des Feuchtigkeitstransports z. T. auch gleichzeitig auftreten und Art, Anteil und Wirksamkeit der einzelnen Transportarten nicht nur vom Feuchtigkeitsgehalt, sondern auch wesentlich von der Porenstruktur des Baustoffes abhängen, ist eine getrennte Erfassung der einzelnen Transportarten kaum möglich.

Ziegel trocknen wegen ihrer großen kapillaren Leitfähigkeit schnell aus. Die Ausgangsfeuchtigkeit vermindert sich deshalb relativ schnell und gleichmäßig über den Querschnitt, so daß eine nennenswert feuchtere Kernzone kaum auftritt. Die Austrocknungsdauer von Mauerwerkswänden aus Betonsteinen mit Naturbimszuschlag bis zur Gleichgewichtsfeuchtigkeit wird dagegen 2–3 Jahre betragen.

Durch die Luftkammern ist bei Hohlblock-Steinen ein beschleunigter Wasserdampftransport zu erwarten. Ein Einfluß der Luftkammeranzahl auf den Austrocknungsverlauf ist nicht zu erkennen. Wesentliche Unterschiede zwischen Hohlblocksteinen aus Naturbims und Blähton ergeben sich nicht.

Bei Mauerwerk aus großformatigen Leichtziegeln ist die feuchte Dehnung – das chemische Quellen – im Randbereich anfangs meist wesentlich größer als im Kernbereich. Auch bei Mauerwerk aus Gasbetonsteinen ist das Randschwinden stets größer als das Kernschwinden.

Bei Kalksandsteinen tritt Karbonatisierungsschwinden auf. Es ist mit erheblichen Schwindunterschieden zwischen Rand- und Kernbereich zu rechnen, die über längere Zeiträume zunehmen können. Eine daraus resultierende Ablösung des Fugenmörtels vom Stein in der Randzone ist nicht auszuschließen.

Bei Mauerwerksbauteilen muß in den meisten Fällen mit erheblichen Feuchtedehnungsunterschieden zwischen Bauteilrand und -kern gerechnet werden. Diese sind vor allem zu erwarten

- bei dickeren Bauteilen
- bei Einbau von Steinen hoher Feuchtigkeit
- bei chemisch quellenden Mauerziegeln
- bei Mauersteinen mit geringer kapillarer Leitfähigkeit (Leichtbetonsteine)
- bei Mauersteinen, bei denen Karbonatisierungsschwinden auftreten kann (nichtkeramischer Mauerstein, vor allem Kalksand- und Gasbetonsteine).

Wasserdampfkondensation

Mangelhafte Wärmedämmung von Außenwänden im Verband mit hoher relativer Luftfeuchtigkeit innen führt bekanntlich zu Oberflächenkondensation an der Innenseite von Außenwänden. Aber auch bei ausreichender Wärmedämmung kann es zu Feuchtigkeitserscheinungen an der Innenseite von Außenwänden kommen, wenn dort wärmedämmende und zugleich wasserdampfdurchlässige Schichten angeordnet werden, wobei die Kondensationsebene etwas tiefer innerhalb der Wand auftritt. Das Kondensat kann dann kapillar zur Innenseite hin transportiert werden.

An der Außenseite von Außenwänden aufgetragene Anstriche oder Beschichtungen haben neben der rein ästhetischen Aufgabe einer gleichmäßigen Farbgebung oft zugleich die Funktion der verbesserten Dichtung gegen Niederschlagseinfluß. Mit der besseren Dichte gegen kapillaren Wassertransport von außen in die Wand hinein ist jedoch immer auch eine mehr oder weniger stark bremsende Wirkung gegen den Wassertransport aus der Wand heraus verbunden. Das gilt insbesondere für den Transport von Wasserdampf als Diffusionsvorgang durch Bauteile hindurch, wofür im feuchten Winterhalbjahr bekanntlich fast immer ein Dampfdruckgefälle von innen nach außen vorliegt. Wasserdampfkondensation an der kalten Außenseite hinter dem dampfbremsenden oder -sperrenden Anstrich sowie eine Anreicherung der Durchfeuchtung bis zum Porensättigungsgrad und Frostschäden können die Folge sein.

Eine Reduzierung der Diffusionsstromdichte und damit der Kondensatmenge wäre durch eine Vergrößerung des Diffusionswiderstandes an oder nahe der Innenseite möglich, beispielsweise durch einen entsprechend dichten Innenanstrich. Es könnte auch eine innere Dampfsperre mittels einer Metallfolie realisiert werden, die beispielsweise auf der Rückseite von Tapeten kaschiert sein könnte.

Zwischen Mauerwerk und Putz läßt sich eine Dampfsperre wegen der Putzhaftung kaum anbringen. Wandverkleidungen aus Gipskarton-, Sperrholz-, Holzspan- oder Holzfaserplatten mit rückseitig aufkaschierter Alu-Folie sind nur dann akzeptabel, wenn die Außenwand ausreichend gedämmt ist.

Niederschlagspenetration durch dampfdichte Außenanstriche

Durch Wasserdampfdruck abblätternde oder durch Frosteinfluß abfrierende Außenanstriche müssen jedoch nicht immer Wasserdampfdiffusion und -kondensation als alleinige Ursache haben. Undichte Stellen im Anstrichfilm können ähnliche Schadensbilder erzeugen. Die Ursache von Undichtigkeiten kann vielfältiger Natur sein. Beim Abbinde- oder Erhärtungsprozeß von Anstrichmaterialien tritt meist ein gewisser Schrumpfungsprozeß auf. Er sollte jedoch nicht von der Art sein, daß der Anstrichfilm dabei reißt.

Meistens ist der Untergrund für Rißbildungen verantwortlich. So treten bei Sichtmauerwerk am Übergang Fugenmörtel/Mauerstein oft feine Haarrisse infolge thermischer oder hygrischer Kontraktions- und Expansionsbewegungen auf. Eindringendes Niederschlagswasser wird dann kapillar hinter dem Anstrichfilm weiter im Mauerwerk verteilt, kann aber bei dampfbremsenden oder -sperrenden Anstrichen kaum wieder nach außen verdampfen. Mauersteine, die unter normalen Umständen als frostsicher gelten, verlieren dabei infolge veränderter Umstände oft ihre Frostbeständigkeit. Bei Beton führt der über Monate laufende Abbindeprozeß, die Hydration des Zementes, später oft noch zu kleinen Haarrissen, die den bereits aufgebrachten Anstrichfilm meist mit aufreißen.

Ursachen der Kondensationsdurchfeuchtung

Von Kondenswasser werden fast nur Außenwände durchfeuchtet oder Wände, die an kalte ungeheizte Räume angrenzen. Die Kondensation beginnt unter Umständen schon, wenn im Raum die relative Luftfeuchtigkeit den normalen Wert von 40–60% übersteigt. Die in der Luft befindliche unsichtbare Feuchtigkeit hat aufgrund ihres Dampfdruckes das Bestreben, durch die Außenwände zu diffundieren, besonders wenn eine größere Temperaturdifferenz zwischen dem geheizten Raum und der kalten Außenluft besteht. In gut geheizten Räumen ist an unterkühlten Fensterscheiben und Wandflächen oft schon bei normaler relativer Luftfeuchtigkeit eine Wasserdampfkondensation zu beobachten. Sie steigert sich, wenn die Luftfeuchtigkeit zunimmt, in Küchen, Badezimmern, Schlafräumen und besonders in gewerblichen Feucht- und Lagerräumen.

Recht oft findet die Kondensation nicht an der Oberfläche der Wandinnenseite statt, sondern in der Tiefe des Mauerwerks. Diese Vorgänge bleiben zunächst unsichtbar, wirken sich jedoch nach und nach durch fortschreitende Durchfeuchtung und Unterkühlung der Wand aus.

Sobald die Luft in den Kapillaren des Mauerwerks durch kondensierendes Wasser verdrängt wird, verringert sich der Wärmedämmwert erheblich, da Wasser die Wärme etwa 25mal besser leitet als Luft. Durch die damit verbundene Abkühlung tritt die Kondensation besonders in der kalten Jahreszeit immer intensiver auf, so daß mit Feuchtigkeitsschäden zu rechnen ist.

Die absolute Luftfeuchte

Luft kann bei einer bestimmten Temperatur nur eine ganz bestimmte Menge an Feuchtigkeit aufnehmen.

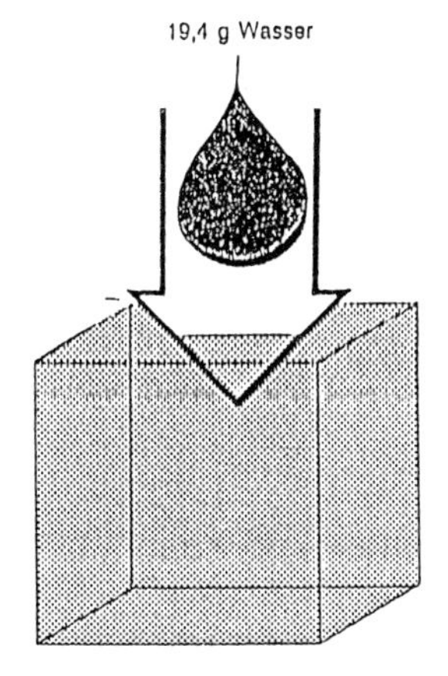

1 m³ Luft von + 22° C beispielsweise maximal 19,4 g Wasser.

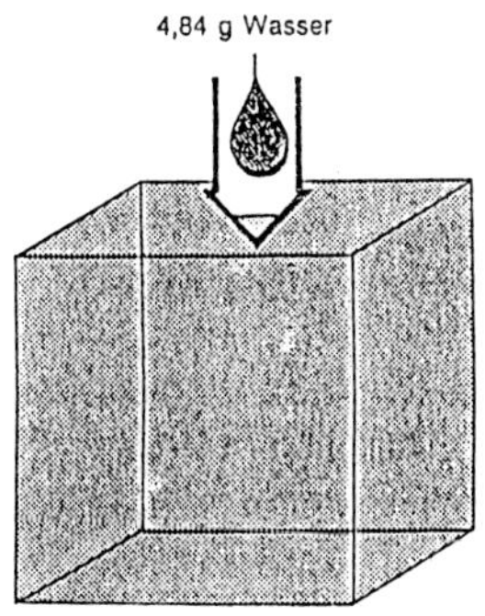

1 m³ Luft von ± 0° C dagegen kann maximal nur noch 4,84 g Wasser aufnehmen (2).
Diese, bei der jeweiligen Temperatur maximal durch die Luft aufnehmbare Wassermenge nennt man »Absolute Luftfeuchte« (g/m³).

Feuchte Wandflächen zeichnen sich zunächst durch stärkere Ablagerungen von Staub ab, der durch die zur Abkühlung dringende Luft vermehrt an die kalte Wand befördert wird und dort an den feuchten Flächen hängenbleibt. Kältebrücken heben sich dadurch ziemlich bald dunkel von ihrer trockenen Umgebung ab. Mit dem Staub gelangen auch Schimmelpilzsporen auf die Fläche, die auf dem staubigen, feuchten Untergrund günstige Lebensbedingungen finden und bei ihrer Ausbreitung Flecken und Verfärbungen hervorrufen.

Grundregeln zur Vermeidung von Kondensatdurchfeuchtungen

1.
Kondensatbildung und Durchfeuchtung können vermieden werden, wenn der Dampfdiffusionswiderstand von innen nach außen abnimmt.
2.
Innerhalb der Wand oder an der Außenseite dürfen keine Stoffschichten mit hohen Diffusionswiderständen angeordnet sein, die bei absinkenden Temperaturen infolge Wasserdampfstau eine gefährliche feuchte Anreicherung bewirken können.
3.
Wärmedämmende und wasserdampfdurchlässige Stoffschichten an der Innenseite der Wand bewirken ein Temperaturgefälle innerhalb des gefährdeten Bereichs nahe der Wandinnenseite, was zur Feuchteanreicherung führt.
4.
Es ist anzustreben, daß die von innen hineindiffundierende Menge Wasserdampf in der gleichen Zeit- und Flächeneinheit ausdiffundieren kann, damit kein Rückstau in der Wand verbleibt.
5.
Bei mehrschichtigen Konstruktionen sollte der Diffusionswiderstand der einzelnen Stoffschichten von innen nach außen abnehmen, die Wärmedämmung von innen nach außen aber zunehmen.
6.
Besonders gefährlich sind sehr wasserdampfdurchlässige Wärmedämmstoffe an der Innenseite oder wasserdampfundurchlässige Sperrstoffe gegen Niederschlag an der Außenseite.
7.
Lassen sich dampfbremsende Stoffe an der Außenseite nicht vermeiden, so müssen mindestens gleichwertig dampfbremsende Stoffe an der Innenseite angeordnet werden.
8.
Bauphysikalisch einwandfreie Lösungen sind hinterlüftete schlagregensichere Verblendungen und Bekleidungen (Vorhangfassade).

Wasserdampfdiffusion

Unter Wasserdampfdiffusion versteht man Feuchtigkeitstransport gasförmigen, also nicht sichtbaren Wassers durch Baustoffe und Luftschichten. Feuchtigkeit in Form von Wasserdampf befindet sich normalerweise immer und überall in der Luft; auch in der Luft, die in Baustoffen eingeschlossen ist.

Die unterschiedlichen Temperaturen und relativen Luftfeuchtigkeiten auf beiden Seiten des Bauteils bedingen in der Regel unterschiedliche Feuchtigkeitsmengen auf beiden Seiten. Diese Konzentrationsunterschiede streben einen Ausgleich durch Feuchtigkeitstransport an, im Regelfall von innen nach außen.

Dampfdiffusion durch Bauteile

Die Moleküle des Wasserdampfes sind bestrebt, sich in alle Richtungen gleichmäßig zu verteilen, das heißt im gesamten ihnen zur Verfügung stehenden Raum eine gleichmäßige Wasserdampfdiffusion zu erreichen. Befindet sich ein einschichtiges, homogenes, dampfdurchlässiges Bauteil in einem Raum mit einer bestimmten Wasserdampfkonzentration, so dringen an der Grenzfläche Wassermoleküle in das Bauteil ein und – da in einem Bauteil ebenfalls eine gewisse Feuchtigkeit herrscht – auch aus dem Bauteil in den Raum aus.

Sind die Wasserdampfkonzentrationen im Bauteil und im Raum gleich, so ist der molekulare Austausch ausgeglichen, die Summe der Feuchtigkeitsbewegungen ist gleich Null. Ist die Wasserdampfkonzentration im Bauteil geringer, so ergibt die Summe der Bewegungen einen in das Bauteil hineingerichteten Feuchtigkeitstransport, und zwar so lange, bis wiederum ein Ausgleich entsteht.

Zur Vermeidung von Wasserdampfkonzentration in Außenwänden von Wohngebäuden gilt die Faustformel:

Der Diffusionswiderstand ($\mu \cdot d$) der einzelnen Schichten sollte von innen nach außen abnehmen – der Wärmedurchlaßwiderstand (d/λ) der Schichten von innen nach außen jedoch zunehmen.

Wasserdampf – Luftfeuchte – Tauwasser – Kondensation

Wasserdampf entsteht beim Sieden oder Kochen von Wasser sowie durch Verdunsten von Feuchtigkeit. Der Wasserdampfgehalt der Luft, auch Luftfeuchte genannt, ist von den herrschenden Bedingungen abhängig. In bewohnten Räumen ist die Luftfeuchte meist höher als im Freien. Der Mensch gibt je nach seiner Tätigkeit 50–150 g Wasserdampf/Stunde durch Verdunstung ab.

Die Dampfmenge, die die Luft aufzunehmen vermag, ist begrenzt. Das Aufnahmevermögen steigt aber mit der Temperatur. So kann Luft von 20° ca. 17 g/cbm Wasserdampf, Luft von minus 10° dagegen nur 2 g/cbm aufnehmen. Ist die Raumluft bis zur Grenze ihrer Kapazität mit Wasserdampf angereichert, wird sie als gesättigt bezeichnet. Bei weiterer Zuführung von Dampf wird ein Teil wieder zu Wasser kondensieren. Es kommt zu einem Niederschlag der Luftfeuchte, die sich im Freien als Tau, in Wohnräumen als Tauwasser an Wänden, Decken und Fenstern bemerkbar macht. Diese Erscheinung tritt auch dann auf, wenn die Temperatur der Wohnräume oder der Außenbauteile absinkt. Die vorhandene Dampfmenge überschreitet dann den Sättigungswert.

Kondenswasser ist auch aus hygienischer Sicht gefährlich; es verschlechtert das sogenannte Raumklima, führt durch Schimmelbildung zu Oberflächenschäden an

Wänden und Decken und kann durch tieferes Eindringen in die Wände deren Wärmedämmung herabsetzen.

Die Gefahr der Tauwasserbildung läßt sich durch ständige und ausreichende Beheizung der Räume verringern, weil Luft mit höherer Temperatur mehr Wasserdampf aufnehmen und halten kann. Von großem Einfluß ist aber auch die Wärmedämmung der Außenwände.

Wie alle Gase hat auch der Wasserdampf das Bestreben, Druckunterschiede auszugleichen. Er wird vom Ort höheren zum Ort niederen Drucks strömen. Diese Erscheinung, Diffusion genannt, erfolgt auch entgegengesetzt zur Schwerkraft, jedoch nur durch Schichten, die dampfdurchlässig sind. Je nach ihrer Feinstruktur, die durch Art, Größe und Verteilung der Poren gekennzeichnet ist, sind Baustoffe für Dampf verschieden stark durchlässig.

In Wohnräumen herrscht im allgemeinen ein höherer Dampfdruck als im Freien. Deshalb besteht meist ein Dampfdruckgefälle vom Innen- zum Außenraum. Die Raumluftfeuchte versucht, durch die Wände zu entweichen, um damit dieses Druckgefälle auszugleichen. Bei ungünstigen Verhältnissen, wie beispielsweise sehr hoher Luftfeuchtigkeit im Raum, und bei einem physikalisch unzweckmäßigen Aufbau von mehrschichtigen Wänden kann der Dampf in der Wand kondensieren und sich dort als Feuchtigkeit niederschlagen. Tritt diese Kondensation nur für eine kurze Zeitspanne ein, werden keine Schäden zurückbleiben. Wenn die Wasserdampfkondensation aber zu einem Dauerzustand wird, kommt es zur völligen Durchfeuchtung der Wand (Schimmelbildung, starke Herabsetzung der Wärmedämmung). Dank der Fortschritte der Bauphysik ist man heute jedoch in der Lage, diese Vorgänge rechnerisch zu erfassen und die Konstruktion sowie den Aufbau der Wände entsprechend zu bemessen.

Die durch Temperaturabsenkung erzwungene Verflüssigung des gasförmigen Wasserdampfes bezeichnet man als Kondensation oder Tauwasserbildung. Sie kann im und am Bauteilquerschnitt überall dort vorkommen, wo relativ warmer Wasserdampf aus wärmeren Schichten plötzlich abgekühlt wird.

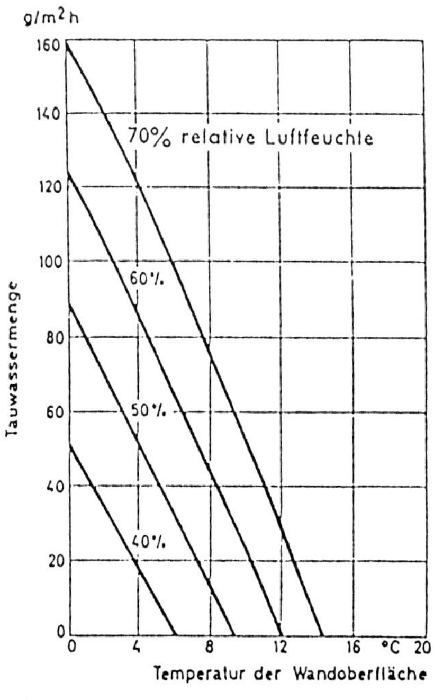

Abhängig von der Temperatur kann die Luft mehr oder weniger Feuchtigkeit aufnehmen. Hat die Luft die maximale Menge von Wasserdampf aufgenommen, spricht man von 100% relativer Luftfeuchtigkeit. Wird die maximale Aufnahmefähigkeit überschritten, kommt es zum Ausfall von Kondensat oder Tauwasser. Die Stelle, an der dies in einem Wandquerschnitt vorkommt, nennt man Taupunkt oder Tauebene.

Feuchtigkeitsausgleich

Der Begriff des Feuchtigkeitsausgleiches der Wand umfaßt
- die Diffusionsfähigkeit von innen nach außen
- die Speicherfähigkeit der inneren und äußeren Grenzflächen der Wand
- die Saugfähigkeit der inneren Grenzfläche.

Die innere (raumseitige) Grenzfläche muß in der Lage sein, kurzzeitigen Kondensatanfall bei Übersättigung der Raumluft aufzunehmen und zu speichern. Die Feuchtigkeit wird später wieder an die Raumluft abgegeben, ein Teil davon wandert als Diffusionsfeuchte nach außen.

Die Speicherfähigkeit wird auch von der äußeren Grenzfläche der Wand verlangt, wenn keine sperrende Wetterschale angeordnet wurde. Die durch Bewitterung aufgenommene Feuchtigkeit darf dabei nicht in den Wandkern abgesaugt und muß später wieder an die Außenluft abgegeben werden. Die Erfüllung dieser Forderung gehört zu den schwierigsten bautechnischen Problemen; zufriedenstellend ist sie nur in der mehrschaligen Wand zu lösen.

Die Diffusionsfähigkeit der Wand ist rechnerisch erfaßbar. Bei Beachtung der bekannten bauphysikalischen Gesetzmäßigkeiten bereitet die Konstruktion einer Wand in dieser Hinsicht kaum Schwierigkeiten. Schäden treten aber regelmäßig dann auf, wenn ihr Nachweis einfach vergessen wurde. Bei Kenntnis der Diffusionswiderstände der einzelnen Schichten und des Temperaturverlaufes kann die Sattdampfdruckkurve für ein Bauteil gezeichnet werden. Nach dem Verfahren von Prof. Glaser kann dann mit den angenommenen Randbedingungen die Lage des Taupunktes, die Menge des anfallenden Kondensats im Winter und die Austrocknung im Sommer ermittelt werden.

Wasserdampf wandert und kann kondensieren

Ähnlich wie Wärme immer von der warmen zur kalten Seite wandert, findet zwischen Bereichen unterschiedlicher Luftfeuchte eine Wasserdampfwanderung statt (Wasserdampfdiffusion).

Temperatur, Luftdruck und relative Luftfeuchte beeinflussen die Geschwindigkeit der Diffusion und damit die Menge des diffundierenden Dampfes.

Diffusionsverhalten der Fassade

Jeder Baustoff hat neben einer bestimmten Wärmeleitzahl »λ« auch einen bestimmten Wasserdampfdiffusionswiderstand. Dieser Kennwert gibt an, wieviel mal größer der Widerstand eines Stoffes ist als jener einer gleich dicken Luftschicht. Dieser Faktor wird mit »μ« (mü) bezeichnet und ist eine dimensionslose Zahl.

Das Diffusionsverhalten wird nach dem neuen Entwurf der DIN 4108 in Zukunft ein wichtiges Kriterium für die Bauteilauswahl sein. Man rechnet mit ti 20° und ta –10°, bei einer relativen Luftfeuchte von innen mit 50% und außen 80% im Winter. Werden darüber hinausgehende Temperaturen oder Feuchtigkeitswerte für innen der Berechnung zugrundegelegt, so muß dafür die Außentemperatur auf –15° reduziert werden.

Es ist erstaunlich, daß es nur wenige Wandschichtaufbauten ohne Kondensatanfall gibt. Nach DIN 4108 ist allerdings eine Kondensation bis 500 g/qm nicht schädlich, sofern die Kondensatmenge im Sommer wieder verdunsten kann. Daher wird eine sommerliche Verdunstung unter den mittleren rechnerischen Bedingungen für innen wie außen von 12° und 70% relativer Luftfeuchtigkeit gerechnet.

Nun benötigt ein Bau je nach eingebrachter Baufeuchte 2–4 Jahre Austrocknung, bis er die Normalfeuchte erreicht hat. Alle Wärmeleitzahlen sind aber erst nach dieser Trockenperiode voll ansetzbar. Bis zu diesem Zeitpunkt liegt daher die Kondensationsmenge höher.

Die Beobachtung von Schadensfällen hat gezeigt, daß die Feuchtigkeitsschäden durch Kondensation besonders in den ersten Jahren massiert auftreten. Die Grenzen der DIN liegen daher für Neubauten viel zu hoch. Ihre Anwendung sollte nur auf die Altbausanierung und die Beurteilung von Schadensfällen bei ausgetrockneten Bauten beschränkt werden.

Nicht nur die im vorausgegangenen Abschnitt erläuterte Vermeidung von Oberflächenkondensation ist entscheidend, sondern vielmehr auch die Frage, ob und in welcher Menge innerhalb der Außenwand Kondensat anfällt. Insbesondere bei mehrschaligen Wandbauweisen aus mehr oder weniger gas- bzw. wasserdampfdurchlässigen Baustoffen ist es zweckmäßig, eine entsprechende Diffusionsberechnung anzustellen.

Relativ hohe (optimale) Wasserdampfdurchlässigkeit der Fassaden und besonders ihrer Anstriche bzw. Beschichtungen – wodurch der in den Räumen entstehende Wasserdampf in ausreichendem Maße und mit der zu fordernden Geschwindigkeit nach außen entweichen kann – ist wichtig. Ein schädlicher Wasserdampfdruck, eine unzulässige Wasserdampfkondensation und Eisbildung im Baukörper oder in den Grenzflächen der Fassadenwandschichten können so vermieden werden. Ein ausreichendes Desorptions-Absorptionsverhältnis der Fassade für Wasser ist wichtig (z.B. 8:1, das heißt die Wasserabgabe, in der Regel durch Verdunstung, sollte zumindest 8mal schneller erfolgen als die Wasseraufnahme des Baukörpers).

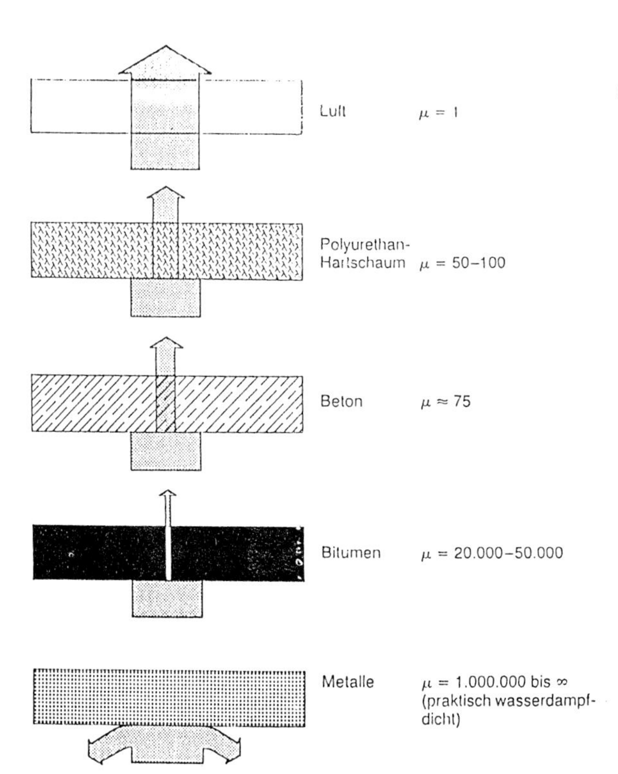

Wasserdampfdurchgang infolge Diffusion

Grundsätzlich ist eine Wasserdampfdiffusion nur möglich, wenn auf beiden Seiten der Außenwand verschiedene Dampfdrücke herrschen. Dies ist schon der Fall, wenn bei gleicher Temperatur auf der Innen- und der Außenseite der Wand die Luftfeuchtigkeit verschieden ist. Aber auch die Lufttemperatur spielt hier eine so entscheidende Rolle, daß man davon ausgehen kann, auf der warmen Seite immer höheren Dampfdruck zu haben. Das heißt mit anderen Worten:

Die Wasserdampfdiffusion erfolgt praktisch immer von der warmen zur kalten Seite, also in Richtung des Wärme-Kälte-Gefälles.

Oberflächenkondensat (Tauwasser) tritt vor allem dann auf, wenn Außenbauteile einen zu geringen Wärmeschutz haben. Kondensation im Inneren von Bauteilen ist oft durch eine unzweckmäßige Schichtenfolge bedingt. In der Praxis zeigt sich eine zu niedrige Oberflächentemperatur der raumumgebenden Bauteile häufig durch folgende Merkmale an:

- Sichtbarwerden der Mauerwerksfugen
- Versporungen der Raumecken
- Kondensation an Fensterscheiben.

Da die Oberflächentemperatur u. a. vom Wärmedurchlaßwiderstand eines Bauteils abhängt, läßt sich Oberflächenkondensat fast immer durch ausreichende Wärmedämmung vermeiden.

Ein Wandaufbau aus mehreren Schichten entspricht dann den bauphysikalischen Forderungen, wenn in der Regel der Wasserdampfdiffusionswiderstand von innen nach außen abnimmt, das heißt also, die Beschichtung soll keinen größeren Wasserdampfdiffusionswiderstand besitzen als der Wandaufbau selbst. Um die Kondensation auf ein erträgliches Maß zu begrenzen, muß man sie durch Berechnung vorbestimmen.

Die Gefahr der Wasserdampfkondensation verringert sich

1. mit abnehmender relativer Luftfeuchtigkeit
2. mit abnehmender Temperaturdifferenz zwischen innen und außen
3. wenn die Wärmedämmschicht auf der Außenseite liegt
4. wenn die diffusionsdichtere Schicht innen angebracht ist.

Ergibt sich aus einer Diffusionsberechnung, daß tatsächlich eine Durchfeuchtungsgefahr besteht, so kann der ungünstige Wandaufbau durch eine Dampfsperre korrigiert werden. In manchen Fällen reichen diffusionsbehindernde Schichten in Form eines Spezialanstriches aus.

Tauwasser im Inneren von Bauteilen

Die durch Temperaturabsenkung erzwungene Verflüssigung eines ungesättigten oder gerade noch gasförmigen Wasserdampfes bezeichnet man als Tauwasserbildung. Sie kann im und am Bauteilquerschnitt überall dort vorkommen, wo relativ warmer Wasserdampf bzw. Wasserdampf aus wärmeren Schichten plötzlich abgekühlt wird.

Feuchtigkeit im Inneren von Bauteilen kann mehrere Gründe haben, z.B.

- Baufeuchtigkeit
- von außen eingedrungene Feuchtigkeit
- Tauwasser infolge Wasserdampfdiffusion und Kondensation.

Von der Menge des auftretenden Wassers kommt der Baufeuchtigkeit und der von außen eindringenden Feuchtigkeit die größte Bedeutung zu. Insbesondere Schäden infolge Baufeuchtigkeit resultieren sehr häufig aus einem zu frühen Bezug der Wohnung, so daß ein ausreichendes ›Trockenheizen‹ nicht möglich ist.

Während sich die ersten beiden Punkte einer vorherigen theoretischen Beurteilung weitgehend entziehen, ist die Erscheinung der Wasserdampfdiffusion von vornherein theoretisch und damit auch praktisch beherrschbar.

Ob es zu Tauwasser, also Kondensation kommt, hängt vom Temperaturverlauf und von der besonderen Schichtung des Bauteils ab. Keine Probleme mit Tauwasser infolge Wasserdampfdiffusion gibt es beispielsweise, wenn sichergestellt ist, daß die Bauteilschichten von innen nach außen abnehmende Wasserdampf-Diffusionsdurchlaßwiderstände besitzen. Diese Bedingung ist beispielsweise bei Leichtkonstruktionen mit innenliegender Dampfsperre oder bei außenseitigen Wärmedämmschichten mit niedrigen Diffusionswiderständen gegeben.

Liegt die Oberflächentemperatur auf der Innenseite von Bauteilen unter der Taupunkttemperatur der Raumluft, so tritt an diesen Flächen Tauwasser auf. Dies kann vorkommen bei wärmetechnisch ungenügend bemessenen Außenbauteilen im Dauerzustand der Beheizung, beim Anheizen von Räumen, deren Wände ausreichend bemessen sind, sich aber nicht genügend schnell erwärmen, und wenn die Luftfeuchtigkeit in den betreffenden Räumen zu hoch ist. Diese drei Fälle sollen im folgenden eingehender behandelt werden.

Wärmedämmung von Bauteilen und Tauwasserbildung

Im Dauerzustand der Beheizung ist die Oberflächentemperatur eines Bauteils durch seine Wärmedämmung bzw. seinen Wärmedurchgangskoeffizienten k und die Lufttemperatur zu beiden Seiten bestimmt. Aufgrund der nach dem genannten Abschnitt zu berechnenden Oberflächentemperatur und dem Vergleich mit der Taupunkttemperatur der Raumluft kann festgestellt werden, ob in dem betreffenden Fall mit Tauwasserbildung auf der Oberfläche zu rechnen ist.

Andererseits läßt sich die notwendige Mindest-Wärmedämmung eines Bauteils ohne Schwierigkeit erreichen. Dies ist notwendig, um bei bestimmten Temperatur- und Feuchteverhältnissen Tauwasserbildung zu vermeiden. Die anfallende Tauwassermenge auf Oberflächen, deren Temperatur unter dem Taupunkt der Raumluft liegt, ist um so größer, je höher die relative Luftfeuchte im Raum und je niedriger die Temperatur der betreffenden Oberfläche ist (siehe Tabelle).

Taupunkt-Temperaturen in Abhängigkeit vom Feuchtigkeitsgehalt der Luft (relative Feuchtigkeit) und von der Temperatur der Luft.

Luft-temperatur	Taupunkt in °C bei einer relativen Luftfeuchtigkeit in % von:							
	30	40	50	60	70	80	90	100
+30°C	10	15	18	21	24	26	28	30
+26°C	7	11	15	18	20	22	24	26
+24°C	5	9	13	16	18	20	22	24
+22°C	3	8	11	14	16	18	20	22
+20°C	2	6	9	12	14	16	18	20
+18°C	± 0	4	7	10	12	14	16	18
+16°C	− 2	2	6	8	10	12	14	16
+14°C	− 3	+ 1	4	6	9	11	12	14
+12°C	− 5	− 1	2	4	7	9	10	12
+10°C	− 7	− 3	± 0	3	5	7	8	10
+ 8°C	− 9	− 5	− 2	+ 1	3	5	6	8
+ 6°C	−10	− 7	− 3	− 1	+ 1	3	4	6
+ 4°C	−12	− 8	− 5	− 3	− 1	+ 1	2	4
+ 2°C	−14	−10	− 7	− 5	− 3	− 1	± 0	2
± 0°C	−16	−12	− 9	− 7	− 5	− 3	− 2	± 0

Tauwasserbildung auf Bauteilen beim Anheizen der Räume
Wird ein ausgekühlter Raum wieder beheizt, so steigt in der Regel die Lufttemperatur im Raum ziemlich schnell an. Die Oberflächen der Wände, Decken usw. erwärmen sich aber im allgemeinen wesentlich langsamer. Es kann also vorkommen, daß die Temperatur der Wand- oder Deckenfläche eine gewisse Zeit unter der Taupunkttemperatur der Raumluft liegt, so daß auf diesen Flächen Tauwasser anfällt. Erst einige Zeit nach Beginn des Heizens, wenn die Flächen genügend warm geworden sind, hört der Tauwasseranfall auf. Dabei wird vorausgesetzt, daß die Bauteile eine so große Wärmedämmung aufweisen, daß bei dem sich schließlich einstellenden Dauerzustand der Beheizung kein Tauwasserniederschlag auf den Oberflächen der Bauteile mehr erfolgt.

Zeitweiliger Anfall von Tauwasser auf den Oberflächen der Bauteile ist dann unbedenklich, wenn diese Flächen die Fähigkeit haben, das anfallende Wasser ohne Tropfenbildung aufzunehmen und über eine gewisse Zeit zu speichern. Bei weitergehender Erwärmung der Flächen wird das aufgenommene Wasser wieder an den Raum abgegeben bzw. durch das Bauteil hindurch ins Freie geleitet, so daß keine Feuchtigkeitsschäden auftreten.

Tauwasserbildung bei hoher Raumluftfeuchte
Ebenso wie eine zu niedrige Oberflächentemperatur auf Bauteilen und Einrichtungsgegenständen bei normalen relativen Luftfeuchtigkeiten im Raum zu Tauwasserbildung auf diesen Flächen führt, kann dies auch auftreten, wenn die Luftfeuchtigkeit in den betreffenden Räumen zu hoch ist.

Wasserdampfdiffusion durch Baustoffe und innere Kondensation

Trennt eine Baustoffschicht bzw. ein Bauteil zwei Räume verschiedener Temperatur und Luftfeuchte, so liegen in der Regel zu beiden Seiten der Trennschicht verschiedene Teildrücke des Wasserdampfes vor. Unter diesem Druckunterschied bewegt sich der Wasserdampf durch poröse Baustoffe hindurch. Dieser Vorgang, die Wasserdampfdiffusion, die in den luftgefüllten Poren des Stoffes erfolgt, wird in vielen Fällen von einer Wasserbewegung in den wassergefüllten kleinsten, miteinander durch enge Kapillaren verbundenen Poren begleitet. Diese beiden gleichzeitig erfolgenden Vorgänge erschweren die Behandlung des Problems der Feuchtigkeitsbewegung in einem porösen Stoff.

In vielen Fällen genügt aber die Betrachtung des Diffusionsvorganges allein, um Aufschluß über das Verhalten eines Bauteils beim Vorliegen von Wasserdampfdruckunterschieden zu seinen beiden Seiten zu gewinnen. Vor allem interessiert die Frage nach innerer Kondensation, das heißt des Ausfallens des Wassers im Inneren von Bauteilen, das durch Diffusion in diese eingedrungen ist.

Tauwasser auf Oberflächen

Für das Auftreten von innenseitigem Tauwasser ist ein falsches Verhältnis zwischen der Wärmedämmung des Bauteils und den Klimabedingungen im Inneren des Gebäudes verantwortlich. Die Mindestwerte der DIN 4108 »Wärmeschutz im Hochbau« reichen oft nicht aus, um in feuchten Bädern, Küchen und kühlen, mangelhaft gelüfteten Schlafzimmern innenseitiges Tauwasser zu verhüten.

Das Auftreten von innenseitigem Tauwasser bei kurzfristig starkem Ansteigen der relativen Luftfeuchtigkeit kann gemindert werden, wenn als Beschichtung der Wände feuchtigkeitsausgleichende Materialien verwendet werden. Raumecken oder auch auskragende Bauteile führen, da sie als Wärmebrücken wirken, zu einer Absenkung der inneren Oberflächentemperatur in verhältnismäßig eng begrenzten Gebieten. In ungünstigen Fällen kann es dort zu erhöhtem Anfall von innenseitigem Tauwasser kommen.

Nach DIN 4108, Teil 3, ist die Tauwasserbildung in den zu untersuchenden massiven Wänden unschädlich, wenn u. a. folgende Bedingungen erfüllt sind:

- das während der Tauperiode im Inneren des Bauteils anfallende Wasser muß während der Verdunstungsperiode wieder an die Umgebung abgegeben werden können
- die Baustoffe, die mit dem Tauwasser in Berührung kommen, dürfen nicht geschädigt werden, z. B. durch Korrosion oder Pilzbefall
- eine Tauwassermasse von insgesamt 0,5 kg/qm darf nicht überschritten werden.

Die erforderlichen wärme- und feuchtigkeitsschutztechnischen Kennwerte wie Rechenwerte der Wärmeleitfähigkeit und Wasserdampf-Diffusionswiderstandszahlen sind DIN 4108, Teil 4, Tab. 1, zu entnehmen. Die Berechnung selbst ist nach DIN 4108, Teil 5, durchzuführen.

Dampfbremse und/oder Dampfsperre – ein neuralgischer Punkt

Die Dampfsperre hat etwas mit der Feuchtigkeit und Temperatur im Raum sowie im und am Bauteil zu tun. Im Raum bestimmen die relative Luftfeuchtigkeit und die Raum- und Bauteiloberflächentemperatur das Behaglichkeitsempfinden. Ein trockenes Bauteil bietet einen höheren Wärmedämmwert (Wärmedurchlaßwiderstand) als ein durchfeuchtetes. Der Wärmedurchlaßwiderstand übt einen Einfluß auf die Oberflächentemperatur des Bauteils und auf die Heizkosten aus. Feuchtigkeit im Bauteil führt zum Absinken der Wärmedämmung und unter Umständen zu Bauschäden; sie kann auf zwei Arten in ein Bauteil gelangen:

- als Wasser
- als Dampf.

In Untersuchungen wird nun unter Berücksichtigung der Dampfdiffusionswiderstände der Werkstoffe festgestellt, ob und in welcher Menge Feuchtigkeit im Bauteil anfällt und ob diese Feuchtigkeitsmenge sich weiterhin erhöht oder unter ungünstigen Einflußbedingungen abwandern kann.

Ist ein zu großer Feuchtigkeitsanfall zu befürchten, so wird man zu überlegen haben, wie man den Dampfstrom sperren oder bremsen kann. Man läßt sich im Wohnungsbau von der Forderung leiten, daß bei einem Bauteil eine zunehmende Porosität von der Seite des höheren Dampfdruckes (im allgemeinen die warme Seite eines Bauteils) zur Seite des niederen Dampfdruckes vorhanden sein muß.

Im Bauteilschnitt sind in den einzelnen Zonen, von der warmen zur kalten Seite absinkend und je nach Wärmeleitzahl der Werkstoffe unterschiedliche Temperaturstände vorhanden. Würde der Dampfstrom ungehindert durch die Dampfdiffusionswiderstände der Werkstoffschichten durch den Bauteil fließen, so ließe sich bestimmen, an welchem Punkt die Temperatur so weit abgesunken wäre, daß eine Dampfsättigung der Luft eintritt. Jedes weitere Absinken der Temperatur würde zum Feuchtigkeitsausfall führen, der nur bis zu einem gewissen Grade toleriert werden kann.

Der Wasserdampf, der in der warmen Raumluft enthalten ist, kann sich an kalten Flächen niederschlagen. Wasserdampf durchdringt auch Bauteile und kann in ihrem Inneren kondensieren. Probleme entstehen dort, wo die Austrocknung zu gering ist und wo sich deshalb immer mehr Feuchtigkeit ansammelt. In solchen Fällen muß das Eindringen von Wasserdampf in die Konstruktion mit einer ›Dampfsperre‹ oder ›Dampfbremse‹ verhindert werden. Eine Alu- oder Kunststoff-Folie wird auf der warmen Seite der Dämmschicht angebracht. Dampfsperren müssen eingebaut werden:

1. *Bei einer zusätzlichen Wärmedämmschicht auf der Raumseite von Betonwänden.*
2. *Bei einer Wärmedämmschicht auf der Raumseite in Räumen mit dauernd hoher Luftfeuchtigkeit (z. B. Schwimmbad).*

Betonwand, Wärmedämmung raumseitig

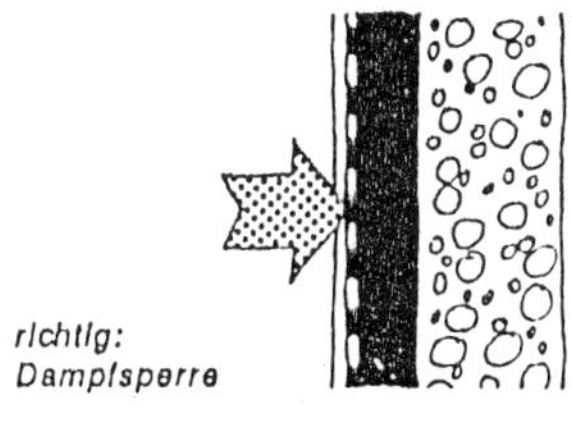

Dampfsperren können direkt auf die Oberfläche von Bauteilen aufgebracht werden. Würde aufgrund niederer Oberflächentemperaturen eine Abkühlung der Raumluft über die Taupunkttemperatur hinaus erfolgen, so würde sich Feuchtigkeit auf der Oberfläche niederschlagen. Übermäßige Feuchtigkeit fließt von der Grenzfläche ab, wenn sie nicht durch ein saugfähiges Material aufgenommen wird.

Was geschieht mit der Feuchtigkeit in der Raumluft und in den Begrenzungsflächen des Raumes? Wenn eine Dampfsperre oder -bremse an allen Flächen vorhanden wäre, so würde eine Feuchtigkeitsabwanderung verhindert bzw. gebremst. Durch die Nutzung der Räume käme immer mehr Feuchtigkeit hinzu, und irgendwann hätte man untragbare Zustände erreicht. Diese Zustände sind in Räumen mit exponierten Verhältnissen immer dann anzutreffen, wenn

- die Wärmedämmung und damit die Oberflächentemperatur der Bauteile zu gering ist
- die Entlüftung nicht ausreicht, den anfallenden Dampf in ausreichendem Maße abzuführen
- die relative Luftfeuchtigkeit nicht auf die Oberflächentemperaturen der Bauteile und die Erfordernisse des Behaglichkeitsempfindens abgestimmt ist
- die Dampfentwicklung nicht in ausreichendem Maße eingeschränkt wird.

Durchfeuchtungen, die Zerstörung von Oberflächenwerkstoffen, die Ansiedlung von Pilzkolonien, insbesondere in Eckbereichen und an Wärmebrücken, unangenehme Geruchsentwicklungen und damit Beeinträchtigung des Wohlbefindens der Menschen in diesen Räumen sind die Folge.

Bremsen oder Sperren?

Die Sperre ist im Verhältnis zur Bremse eine absolute Bezeichnung. In der einschlägigen Literatur ist jedoch kein exakter Grenzwert aufgezeigt, der eine Bremse von einer Sperre trennt. Lediglich die DIN 4108 ›Wärmeschutz im Hochbau‹, Teil 3, spricht in Abschnitt 3.2.3.2 bei unbelüfteten Dachkonstruktionen von einer Dampfsperre, deren $\mu \cdot s$ Wert = 100 m beträgt.

Vergleicht man bauübliche Materialstärken im Hinblick auf ihre Brems- oder Sperrwirkung für Wasserdampfdurchgang, so zeigt sich, daß nicht die jeweilige Materialstärke, sondern die Diffusionswiderstandszahl das entscheidende Kriterium darstellt, z. B.

PE-Folie 0.3 (Polyäthylenfolie 0,3 mm stark)
Diffusionswiderstandszahl 100000
Bremswert = $\mu \cdot s$ = 100000 × 0,0003 = 30 m
Stahlbetonwand 0,24 m stark
Diffusionswiderstandszahl 70
Bremswert = $\mu \cdot s$ = 70 × 0,24 = 16,8 m
BRAAS-Dampfsperre f_k 0,4 mm
Diffusionswiderstandszahl 260000
Sperrwert = $\mu \cdot s$ = 260000 × 0,0004 = 104 m

Man kann allgemein davon ausgehen, daß Materialien, deren Bremswert unter 100 m liegt, mehr oder minder starke Dampfbremsen bilden, und erst Materialien mit einem Wert über 100 m als Dampfsperren zu bewerten sind.

Lüftung in Wohnungen

In der Zeit der billigen Heizenergie hat man über das Lüften in Wohnungen keine großen Überlegungen angestellt. Es wurde nicht nur zur Lufterneuerung – also aus hygienischen Gründen – gelüftet, sondern im Winter vielfach auch, um einem Überheizen der Wohnräume entgegenzuwirken. Der dadurch im Winter bedingte starke Austausch zwischen der beheizten Raumluft und der trocken-kalten Außenluft hatte niedrigere Werte der relativen Raumluftfeuchtigkeit zur Folge. Feuchtigkeitsschäden durch Tauwasserbildung an kalten Wandstellen traten dabei so gut wie nicht auf. Bei den heute geforderten dichteren Fenstern und bei sparsamem Lüften häufen sich jedoch derartige Schäden.

Der Luftwechsel

Die Luftwechselzahl ist die kennzeichnende Größe für den Luftaustausch zwischen der Raum- und Außenluft; sie gibt an, wieviel Mal die Luft in einem Raum pro Stunde ausgetauscht wird. Eine Luftwechselzahl 0,25 h bedeutet, daß ein Viertel der Raumluft pro Stunde erneuert wird.

Diese Notwendigkeit ist unbestreitbar und wird noch dadurch verstärkt, daß mit zunehmender Wärmedämmung der Außenbauteile die Transmissionswärmeverluste infolge Wärmeleitung durch die Bauteile abnehmen und dadurch die Bedeutung der Lüftungswärmeverluste zunimmt. Beim heutigen Wärmedämmniveau, das allgemein weit über der Mindestdämmung liegt, und bei üblichen Luftwechselwerten ist der Transmissionswärmeverlust durch die nicht transparenten Bauteile nur noch geringfügig größer als der Lüftungswärmeverlust.

Wovon hängt der Luftwechsel in Wohnungen ab?

Fugendurchlaßkoeffizient der Fenster
Der Fugendurchlaßkoeffizient (a-Wert) ist eine Größe zur Kennzeichnung der Dichtheit von Fenstern. Aufgrund des a-Wertes kann man aber keine Aussagen über den zu erwartenden Luftwechsel bei geschlossenen Fenstern machen, da hierfür noch die Dichtheit anderer Raumabschlüsse maßgebend ist und letztlich auch die Lage eines Raumes im Grundriß des Gebäudes. Zum anderen kann sich der Fugendurchlaßkoeffizient von Fenstern im Laufe der Zeit beträchtlich ändern. Bei Holzfenstern erfolgt dies in einem deutlichen jahreszeitlichen Wechsel wegen der unterschiedlichen Quellung und Schwindung des Holzes im Sommer und Winter. Bei Fenstern mit Dichtungsprofilen tritt eine Änderung des a-Wertes mit der Alterung des Dichtstoffes auf.

Unter diesen Bedingungen ist es nicht möglich, aus dem Fugendurchlaßkoeffizienten auf den Luftwechsel in einem Raum zu schließen. Insbesondere ist es unmöglich, durch Festlegung eines nicht zu unterschreitenden a-Wertes einen gewissen Mindestluftwechsel zu erzielen.

Wind bzw. Druckdifferenz
Eingangs wurde bereits ausgeführt, daß der durch Wind veranlaßte größere Luftwechsel den Heizwärmeverlust entscheidend beeinflußt. Dabei wurde auch darauf hingewiesen, daß die Windgeschwindigkeit nicht die allein kennzeichnende Einflußgröße ist. Genauer betrachtet ist die Druckdifferenz zwischen der Außen- und Raumluft die treibende Kraft für den Luftwechsel in einem Raum. Diese

Druckdifferenz hängt ab von der Richtung und Stärke des Windes, von den Umströmungs- bzw. Staudruckverhältnissen und damit von den Gebäudeabmessungen und der Lage des betrachteten Raumes innerhalb des Gebäudes sowie von den Undichtigkeiten im Gesamtgebäude.

Wohnraumlüftung

Das richtige Lüften setzt voraus, daß man sich darüber im klaren ist, was durch das Lüften bezweckt werden soll. Hier gibt es verschiedene Möglichkeiten:

- Lufterneuerung (Austausch verbrauchter, z.B. CO_2-angereicherter Luft durch Frischluft)
- Abführung von Geruchs- und Schadstoffen
- Abführung von Wohnfeuchte (Feuchtigkeit, die durch den Menschen und den Wohnbetrieb entsteht).

Je nach dem beabsichtigten Zweck ist eine einmalige oder mehrmalige ›Stoßlüftung‹ angebracht (kurzer Luftdurchzug durch geöffnete Fenster und gegebenenfalls Türen) oder eine befristete, mäßige Konstantlüftung. Entscheidend hierfür ist, ob sich die abzuführenden Stoffe nur im Raumluftvolumen befinden oder ob – und wie stark – diese an Wänden, Decken und Einrichtungen im Raum gebunden sind. Befinden sich die Geruchs- oder Schadstoffe nur in der Luft, dann genügt ein einmaliges Durchlüften von wenigen Minuten (Stoßlüftung), um diese abzuführen. Erfahrungsgemäß lassen sich damit manche Gerüche – bestimmte Speisegerüche und Tabakrauch – nicht voll beseitigen. Dies ist deshalb der Fall, weil die Geruchsstoffe durch Absorption an Oberflächen und Poren von Wänden, Decken, Textilien u.a. gebunden sind.

Wasserdampf hat in besonderem Maße die Eigenschaft, sich in den Kapillaren und Poren von Baustoffen zu binden und kann sich außerdem in flüssiger Form als Tauwasser an kalten Oberflächen niederschlagen. Ein entscheidender Nachteil – im Hinblick auf das richtige Lüften – ist, daß Wasserdampf geruchsfrei ist und daß der Mensch kein Empfinden für die relative Luftfeuchte in einem Raum hat, anderenfalls wären Anzahl und Ausmaß von Feuchtigkeitsschäden in Wohnräumen wesentlich geringer.

Sowohl Wasserdampf als auch Geruchsstoffe werden von warmen Oberflächen leichter abgegeben als von kalten. Daraus folgt, daß langandauerndes kräftiges Lüften im Hinblick auf die Beseitigung von erhöhter Feuchtigkeit und von Geruchsstoffen wenig wirksam ist. Durch Abkühlung des Raumes im Winter wird nur der Wärmeverlust erhöht.

Für die Abführung von Feuchtigkeit ist es notwendig, daß die eindringende Außenluft immer wieder erwärmt und damit aufnahmefähig für Wasserdampf wird (warme Luft nimmt mehr Wasserdampf auf als kalte). Dies kann durch wiederholte Stoßlüftung und jeweils zwischenzeitliches Wiedererwärmen der Luft erfolgen oder durch eine befristete, mäßige Konstantlüftung durch Lüftungsöffnungen, die so eingestellt sind, daß nur eine geringe Temperatursenkung auftritt. Mehrmalige Stoßlüftung erfordert zwar mehr Betreuungsarbeit, aber auch bei Konstantlüftung darf nicht vergessen werden, die Belüftungsöffnungen entsprechend zu regulieren bzw. rechtzeitig zu schließen.

Es ist bezeichnend und andererseits verständlich, daß Feuchtigkeitsschäden durch mangelhaftes oder unsachgemäßes Lüften kaum in Wohnungen auftreten, in denen durch die Nutzung eine ständige Kontrolle der Lüftungssituation gegeben ist.

Schäden sind hauptsächlich in Küchen, Bädern und Schlafzimmern zu finden. Wichtig ist, daß z.B. in Küchen und Bädern nach der Benutzung die Heizung nicht sofort gedrosselt oder abgestellt wird, sondern noch einige Zeit bei mäßiger

Konstantlüftung in Betrieb bleibt. Die erforderliche Zeitdauer hängt vom Feuchtigkeitsgehalt und von den außenklimatischen Verhältnissen ab und kann zwischen einer halben und zwei Stunden betragen. Im Winter ist in Schlafräumen eine nach dem Befragungsergebnis häufig gepflogene Langzeitlüftung zu vermeiden. Auch wenn Schlafräume nicht beheizt werden, findet doch wegen der in der Regel geringen Wärmedämmung der Innenwände ein Wärmeabfluß durch diese aus beheizten Räumen statt, der dann zu einem erhöhten Lüftungswärmeverlust bei geöffneten Schlafzimmerfenstern führt. Bei Schlafräumen ist vielmehr darauf zu achten, daß im Winter die Türen zu beheizten Räumen geschlossen sind. Die dadurch eindringende Warmluft kann nämlich zu Tauwasserbildung an den kalten Wandflächen führen.

Es ist offensichtlich: So einfach wie früher ist das Wohnen heute nicht mehr, wenn man energiesparend heizen und lüften will. Es erfordert die Bereitschaft, gewisse physikalische Zusammenhänge zu erkennen und zu berücksichtigen, um Schäden zu vermeiden. Es gibt keinen Baustoff, der diese Berücksichtigung überflüssig machen würde. Daher bleibt im Bereich des Wohnens – wie auch in anderen Bereichen – ein Umdenken und Umlernen niemandem erspart.

Die »atmende« Wand

Der Begriff der »atmenden« bzw. »atmungsaktiven« Wand ist falsch. Es ist hinreichend untersucht und bewiesen, daß ein Luftaustausch durch das Bauteil hindurch nicht stattfindet. Allenfalls findet ein geringerer Feuchtigkeitstransport infolge Wasserdampfdiffusion statt. Für ein gezieltes Trocknen von Räumen ist die Wasserdampfdiffusion von völlig untergeordneter Bedeutung. Zu hohe Luftfeuchtigkeit im Inneren von Räumen kann nur durch Lüftung vermieden werden (vergleiche Tauwasserbildung auf Oberflächen).

Luftdichtigkeit

Aus hygienischen Gründen muß ein gewisser Mindestluftwechsel (vergleiche Lüftungswärmeverlust) vorhanden sein. Dieser soll aber möglichst gezielt erfolgen, um unzulässig hohen Lüftungswärmeverlust und eventuell daraus resultierende Bauschäden (vergleiche Wasserdampfdiffusion) zu verhindern.

Aus diesem Grund verlangt die DIN 4108 und die ›Wärmeschutzverordnung‹, daß alle Fugen, die nicht zu Fenstern und Türen gehören, dem Stand der Technik entsprechen, also luftdicht ausgebildet werden müssen. Besonderes Augenmerk verlangen in diesem Zusammenhang alle Arten von Leichtkonstruktionen ohne Mauerwerk oder Beton (z. B. Holzdächer) als Raumabschluß.

Warme Wände ›schwitzen‹ nicht

In den letzten Jahren klagen Bauherren und Mieter von Alt- und Neubauwohnungen über feuchte Wände. Oftmals werden Stockflecken und Schimmelbefall entdeckt, wenn der Kleiderschrank von der Wand abgerückt oder ein Bild abgenommen wird. Viele vermuten, daß die ›Feuchtigkeit‹ von außen kommt. Ein Fehler in der Baukonstruktion ist jedoch in den seltensten Fällen die Ursache.

Aus einer Vielzahl von Untersuchungen läßt sich ableiten, daß die Luftwechselzahlen zur Gewährleistung einer ausreichenden Wohnungs- und Raumhygiene bei etwa 0,4–0,8mal je Stunde liegen. Ob dabei der untere oder obere Wert einzuhalten ist, hängt von vielen Einflußmöglichkeiten ab, so z. B. ob geraucht wird oder nicht.

Der Luftwechsel ist nicht nur notwendig, um Feuchtigkeitsanreicherungen abzubauen, sondern auch um den CO_2-Anteil der Raumluft zu reduzieren. Ein ruhender Mensch benötigt ca. 20–30 cbm frische Luft je Stunde, wenn die CO_2-Konzentration unter 0,1 Vol.-% gehalten werden soll. In einem Schlafzimmer mit 40 cbm Inhalt müßte danach die Raumluft 1,25mal je Stunde ausgewechselt werden.

Der frühere Luftaustausch über Fenster ohne Profildichtung vollzog sich zwischen 4–7mal je Stunde. Sicherlich war damit ein ungeheurer Energieverlust verbunden, aber die Probleme der Kondensatbildung und das Ansteigen des CO_2-Gehaltes der Raumluft zeigten sich nicht.

Repräsentativumfrage über das Heizen und Lüften in Wohnungen

Im Dezember 1978 führte das Fraunhofer-Institut für Bauphysik in Verbindung mit der GfK (Gesellschaft für Konsum-, Markt- und Absatzforschung e.V.) eine Repräsentativumfrage in 2000 Haushalten über das Heizen und Lüften in Wohnungen durch. Die Fragen zielten darauf ab, Auskunft über die Art der Beheizung und den Bauzustand der bundesdeutschen Wohnungen und über die Heiz- und Lüftungsgewohnheiten der Bewohner zu gewinnen. Gleichzeitig führten die Interviewer bei den Befragungen Temperaturmessungen in den Wohn- und Schlafräumen durch.

Der erfaßte Wohnungsbestand und die befragten Personen entsprechen hinsichtlich der relevanten Merkmale dem Bundesdurchschnitt. Die Wohnungen waren mit folgenden Arten von Fenstern ausgestattet

- einfach verglaste Fenster 43,8%
- doppelt verglaste Fenster (Isolierverglasung, Verbundfenster, Kastenfenster) 54,8%
- spezielle Schallschutzfenster 0,4%
- keine Angaben 1,0%

Die statistische Auswertung der gemessenen Raumlufttemperaturen ergab folgende häufigsten Werte mit Standardabweichung

- Wohnräume 22° ± 2°
- Schlafräume 15,5° ± 3°

Die Raumlufttemperaturen in den Schlafräumen sind somit im Mittel um 6,5° niedriger und breiter gestreut als in den Wohnräumen.

Auf die Frage »welche Lüftungsmöglichkeiten haben Sie in Ihrer Wohnung?« gingen folgende Antworten ein:

- übliches Öffnen der Fenster 56,6%
- Fenster mit Kippstellung 66,5%
- spezielle Lüftungsklappen oder -schieber am Fenster 4,8%

Die Antworten lassen einen kennzeichnenden Unterschied in den Lüftungsgepflogenheiten in den Wohn- und Schlafräumen erkennen. Rund 60% der Schlafzimmer werden regelmäßig gelüftet und etwa 40% bei Bedarf. Bei den Wohnzimmern ist es umgekehrt, nur 36% werden regelmäßig gelüftet und 63%, wenn es notwendig erscheint. Langandauernd geöffnet oder gekippt sind die Fenster in Wohnräumen nur in 6,4% der Fälle, in Schlafräumen dagegen in 34,3%.

Zusammenfassend ist zu sagen, daß Wohnzimmer mehrheitlich ein- bis zweimal täglich jeweils eine viertel bis eine halbe Stunde gelüftet werden, während im Schlafzimmer eine einmalige und längerdauernde Lüftung vorherrscht (46% länger als eine Stunde).

Begrenzung der Lüftungswärmeverluste

Transmissionswärmeverlust

Bei der Beurteilung des Wärmeverlustes von Gesamtgebäuden darf nicht vergessen werden, daß durch undichte Fugen und Öffnungen von Türen und Fenstern erhebliche Wärmemengen verlorengehen. Bei grober Schätzung kann davon ausgegangen werden, daß ca. 30–50% des gesamten Energiebedarfes eines Gebäudes für den Wärmeverlust infolge solcher Undichtigkeiten aufzubringen ist. Damit Lüftungswärmeverluste so gering wie möglich gehalten werden, sind Fugen – soweit sie nicht Türen und Fenster betreffen – luftdicht auszuführen.

Da eine völlige Abdichtung von Türen und Fenstern zu einem Ansteigen von Schadstoffen, wie z. B. Feuchte und/oder Kohlendioxyd in der Raumluft führen würde, sollte aus hygienischen und gesundheitlichen Gründen ein Mindestluftwechsel stattfinden. In der Regel ist dies durch natürliche Undichtigkeiten sowie durch das Öffnen von Fenstern und Türen gegeben. Andererseits kann es nach dem Einbau von sehr dichten Fenstern bzw. Türen notwendig sein, die Lüftungsgewohnheiten diesen neuen Gegebenheiten anzupassen. Soweit Wärmeverluste nicht infolge Lüftungswärmeverlusten auftreten, nennt man sie Transmissionswärmeverluste.

Von entscheidender Bedeutung ist die Größe des Mindest-Außenluftwechsels, die sich aus hygienischen Anforderungen ergibt und primär nicht von energetischen Gesichtspunkten beeinflußt wird. In der DIN 1946 ist der Mindestvolumenstrom an Frischluft wegen der notwendigen Begrenzung des CO_2-Gehaltes in geschlossenen Räumen mit 20–40 cbm/Stunde pro Person festgelegt. Aus dieser Forderung ergibt sich bei üblichen Raum- und Wohnverhältnissen eine Mindestaußenluftwechselrate von ca. 0,5/Stunde.

Die ausreichende Versorgung der Wohnungen mit Frischluft stellte bis vor wenigen Jahren kein Problem dar. Der bei den damals üblichen Luftundichtigkeiten der Fugen bzw. Bewegungsfugen zwischen Bauelementen (Fenster, Türen, Wände) sich einstellende Luftwechsel im Gebäude lag je nach den am Gebäude herrschenden Winddruckdifferenzen bei bis zu 2/Stunde. Die in den Jahren stark steigender Energiepreise entwickelten hochwertigen Dichtungen für die Bewegungsfugen im Fenster- und Türbau sowie die durch bessere Bauausführung verminderte Infiltration durch Fugen zwischen Bauelementen führten inzwischen jedoch zu einer Minderung des Außenluftvolumenstromes im geschlossenen Zustand, das heißt zu Luftwechselzahlen von ca. 0,2/Stunde.

Dadurch stellten sich Probleme in doppelter Hinsicht ein:

- es konnten weder die bauhygienischen Forderungen eingehalten noch
- konnte für eine Verhinderung von Tauwasserbildung an den gefährdeten Stellen gesorgt werden.

Die bis dahin üblichen großen Luftvolumenströme verhinderten nämlich fast immer eine Bildung von Tauwasser, da auf diese Weise die Raumluftfeuchte geringer gehalten wurde und so der durch die Luftströmung bedingte größere konvektive Wärmeübergang meist einen zuverlässigen Tauwasserschutz bildete.

Einen negativen Höhepunkt erreichte die bis dahin fast ausschließlich in Fachkreisen diskutierte Problematik, als in einem Rechtsstreit ein Urteil gefällt wurde, worin, basierend auf dem Gutachten eines Sachverständigen, festgestellt wurde, daß der Wärmeschutz geometrischer Wärmebrücken (z. B. Außenecken) hochwertiger sein muß als der der angrenzenden ungestörten Außenwand. Dadurch hätten nach

Urteilsbegründung die aufgetretenen Tauwasserschäden vermieden werden können.

Feuchtigkeitsaufkommen

Durch die Lebensgewohnheiten der Wohnungsnutzer wird mehr oder weniger viel Wasserdampf im Raum freigesetzt. Allein der Mensch gibt je nach Aktivitätsgrad zwischen 40 g/Stunde und 300 g/Stunde Wasserdampf an die Raumluft ab.

Die häufigsten Tätigkeiten in Wohnungen sind mit einer personenbezogenen Feuchteproduktion von ca. 90 g/Stunde verbunden. In Bädern ist ein Feuchteanfall beim Wannenbad von ca. 700 g/Stunde und beim Duschbad von ca. 2600 g/Stunde zu erwarten. Während des Kochvorganges und der hauswirtschaftlichen Nutzung ergibt sich in Küchen eine Feuchtebelastung von 600–1500 g/Stunde. Im Tagesmittel ergibt sich eine Küchenbelastung von ca. 100 g/Stunde. Auch Zimmerpflanzen und Aquarien tragen zur Feuchtebelastung der Räume bei. Pflanzen verdunsten praktisch das gesamte Wasser, das ihnen beim Gießen zugeführt wird; lediglich max. 0,2% können sie zum Wachstum umsetzen. Kleine Topfpflanzen setzen zwischen 7–15 g/Stunde an Feuchte frei; ein mittelgroßer Gummibaum liefert 10–20 g/Stunde. Trotz dieser zunächst gering erscheinenden Wasserabgabe der einzelnen Zimmerpflanzen ist die summarische Wirkung nicht zu unterschätzen, zumal naturverbundene Bewohner mit überufernden Blumenstöcken besonders in städtischen Bereichen immer häufiger anzutreffen sind. Eine besondere Belastung an die Raumluft stellen Trocknungsvorgänge in Wohnungen dar. Selbst hochtourig geschleuderte Wäsche belastet die Raumluft stündlich mit ca. 10–50 g/kg Trockenwäsche.

Bezüglich der Vermeidung von Feuchteschäden und damit verbundener Schimmelpilzbildung läßt sich folgendes abschließend anmerken: Neben den Anforderungen an den baulichen Wärmeschutz, die richtigerweise durch den Mindestwärmeschutz definiert sind, sollten auch Anforderungen an den Mindestluftaustausch erstellt werden. Bei Begrenzung der Luftwechselraten kann es trotz exzellentem Wärmeschutz zu Tauwasserbildung und damit einhergehend zu Schimmelpilzbildung an Außenbauteilen kommen.

Der Mindestluftwechsel bei durchschnittlichen Nutzungsgewohnheiten liegt in dem Bereich zwischen 0,5–0,8/Stunde. Dieser Wert bezieht sich auf den Mindestwärmeschutz nach der derzeit gültigen Norm. Bei schlechterem Wärmeschutz (Bauten vor 1969) ergeben sich geringfügig höhere Werte, bei besserem Wärmeschutz (Bauten nach 1977) etwas niedrigere Werte.

Der Nutzer ist dahingehend zu informieren, daß nicht im Winter, sondern in den Übergangsjahreszeiten besonders mit Tauwasserbildung zu rechnen ist, so daß in diesen Zeiten die Wohnungen besser durchlüftet werden sollten. Der aus Energieeinsparungsgründen herrührenden Begrenzung der Fugendurchlässigkeit nach oben sollte aus sicherheitstechnischen Gründen in künftigen Normenwerken eine Begrenzung des Luftaustausches nach unten entgegengestellt werden.

Wärmeschutz

Die meiste Zeit seines Lebens verbringt der Mensch in Gebäuden. Ein behagliches und gesundes Raumklima ist eine wichtige Voraussetzung zur Erhaltung seiner Gesundheit und Leistung. Die Hauptaufgabe des Wärmeschutzes im Hochbau ist es daher, ein der Gebäudenutzung angepaßtes optimales Raumklima unter wechselnden außenklimatischen Einflüssen im Winter und im Sommer bei möglichst geringem Aufwand für Bau, Unterhaltung und Klimatisierung der Gebäude zu sichern. Aufgabe des Wärmeschutzes ist es aber auch, Feuchtigkeitsschäden als Folge von Kondenswasserniederschlag an den Oberflächen und im Querschnitt der Bauteile zu verhindern und so die Funktionsfähigkeit der Gebäude permanent aufrechtzuerhalten.

Anforderungen

Von den sechs raumumschließenden Flächen eines quaderförmigen Bauwerkes sind fünf der Witterung direkt ausgesetzt. Vier von ihnen sind Außenwandflächen. Den Umfassungswänden kommt beim Wärmeschutz also eine überragende Bedeutung zu. Neben einem guten Wärme- und Feuchteschutz werden an Bauteile im Hochbau eine Vielzahl weiterer Anforderungen gestellt, die je nach der Gebäudeart und -konstruktion sowie der Lage der Bauteile im Gebäude vorrangig beachtet werden müssen. Die wichtigsten davon sind die Tragfähigkeit, der Schall- und Brandschutz.

Mit dem Energieeinsparungsgesetz (EnEG) vom 22. Juli 1976 und den daraus resultierenden Verordnungen

- Wärmeschutzverordnung
  vom 11. August 1977 und 24. Februar 1982
- Heizungsanlagen-Verordnung
  vom 24. Februar 1982
- Heizungsbetriebs-Verordnung
  vom 22. September 1978
- Verordnung über Heizkostenabrechnung
  vom 23. Februar 1981
- DIN 4108 »Wärmeschutz im Hochbau«
  Ausgabe August 1981

hat der Gesetzgeber der Forderung nach rationeller und sparsamer Energieverwendung Rechnung getragen. Durch bautechnische und heizungstechnische Maßnahmen soll eine Minderung des Heizenergieverbrauches erreicht werden.

Zur Bedeutung des k-Wertes

Mit dem k-Wert ist eine praxisgerechte Aussage möglich, wie groß die Wärmeverluste verschiedener Bauteile oder Bauteilkombinationen sind oder – anders ausgedrückt – wieviel Energie verlorengeht. Über den k-Wert können verschiedene Wandbauarten in bezug auf Wärmeverluste bzw. Energieeinsparung sehr gut miteinander verglichen werden. Der Gesetzgeber hat dieser Bedeutung des k-Wertes dadurch Rechnung getragen, daß in der Wärmeschutzverordnung Grenzwerte mittlerer k-Werte festgeschrieben sind, die nicht überschritten werden dürfen. Diese k_m-Werte beziehen sich auf die gesamte wärmeübertragende Gebäudeaußenhülle.

Messungen und Aufzeichnungen an zahlreichen Gebäuden und Wohnungen haben gezeigt, daß die über den k-Wert ermittelte theoretische Energieeinsparung in der Praxis häufig sogar übertroffen wird, während für die Behauptungen, der k-Wert sei eine ungeeignete Rechengröße für die Ermittlung der Wärmeverluste, jegliche nachprüfbaren Beweise fehlen.

Begriffsdefinition

Vollwärmeschutz
Bei diesem Begriff handelt es sich um einen sachlich falschen Ausdruck. Es gibt keinen Wärmeschutz, welcher völlig vor Wärmeverlust schützen kann. Er entzieht sich der exakten Berechnung und wird nur für werbende Zwecke gebraucht.

Wirtschaftlich optimaler Wärmeschutz
Berechnet man Wärmeschutzmaßnahmen nach finanzmathematischen Gesichtspunkten, und berücksichtigt man eine angenommene Energiepreisentwicklung, so ist es möglich, den sogenannten ›wirtschaftlich optimalen Wärmeschutz‹ zu berechnen.

Wann gilt die DIN 4108, wann die Wärmeschutzverordnung?

Grundsätzlich gelten stets beide. Für die Praxis gibt es jedoch gewisse Eingrenzungen.

Die Wärmeschutzverordnung befaßt sich ausschließlich mit den Außenbauteilen, genauer, mit allen Bauteilen, die den beheizten Teil eines Gebäudes gegen den unbeheizten Teil und gegen die Außenluft abgrenzen. Das entspricht der Zielsetzung des Energieeinsparungsgesetzes, zu dem die Wärmeschutzverordnung gehört. Bauteile innerhalb des beheizten Gebäudeteils, auch solche, die verschiedene Nutzungsbereiche bzw. Wohnungen voneinander trennen, sind nicht Thema der Wärmeschutzverordnung. Forderungsmaßstab ist beim Transmissionswärmeverlust allein der Wärmedurchgangskoeffizient k des gesamten Gebäudes. Für diesen sind Höchstwerte festgelegt, die nicht überschritten werden dürfen.

Die DIN 4108 befaßt sich sowohl mit den Außenbauteilen als auch mit den Innenbauteilen, die verschiedene Nutzungsbereiche bzw. Wohnungen voneinander trennen. Das Ziel der DIN 4108 ist nicht vorrangig Heizenergie einzusparen, sondern vielmehr erträgliche und hygienische Wohnverhältnisse zu sichern. Hierzu stellt die Norm Mindestanforderungen an die Wärmedämmung der einzelnen Bauteile. Forderungsmaßstab ist der Wärmedurchlaßwiderstand $1/\Lambda$.

Bei den Außenbauteilen finden also Überschneidungen zwischen der DIN 4108 und der Wärmeschutzverordnung statt. Es existieren jedoch keine Widersprüche, denn es gilt:

- Wo sowohl die Wärmeschutzverordnung als auch die DIN Forderungen an ein Bauteil stellen, ist die Forderung der Wärmeschutzverordnung stets die strengere und damit maßgebend.
  Dieser Fall tritt ein, wenn die Einhaltung der Wärmeschutzverordnung mit dem Verfahren 2, auch Kurz- oder Bauteilverfahren genannt, nachgewiesen wird.

– Wo die Wärmeschutzverordnung Forderungen an mittlere k-Werte in Form von zulässigen Höchstwerten stellt, gelten für die einzelnen, vom Mittelwert erfaßten Bauteile zusätzlich die Forderungen der DIN 4108.
  Wird die Einhaltung der Wärmeschutzverordnung mit dem Verfahren 1 (A/V-Verfahren) nachgewiesen, so ist auch darauf zu achten, daß jedes Einzelbauteil dem Mindestwärmeschutz der DIN 4108 genügt.

Die wärmetechnischen Werte und die Rechenregeln der DIN 4108 gelten auch für die Wärmeschutzverordnung. Insofern ist die DIN 4108 Bestandteil dieser Verordnung.

Wärmeverluste verschiedener Hausformen

Reihenhaus
100 m² Wohnfläche
Das beidseitig eingebaute Reihenhaus ist wegen seiner geringen Außenfläche im Verhältnis zur Wohnfläche besonders sparsam im Brennstoffverbrauch. Bei diesem Haus tragen größtenteils Fenster, Dach und Außenwände zum Wärmeverlust bei.

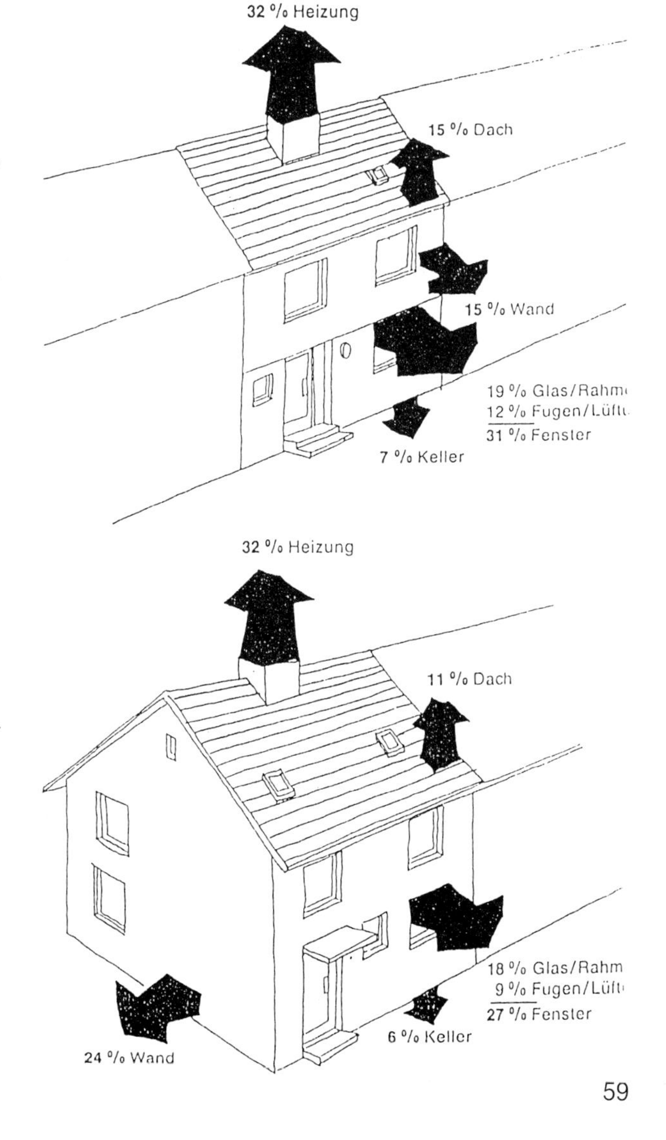

Doppelhaushälfte
100 m² Wohnfläche
Hier kommt zusätzlich eine freistehende Giebelwand als große Außenfläche hinzu, die wesentlich zum Wärmeverlust beiträgt.

Freistehendes Einfamilienhaus 125 m² Wohnfläche Beim freistehenden Einfamilienhaus verursachen die größeren Außenflächen höhere Wärmeverluste.

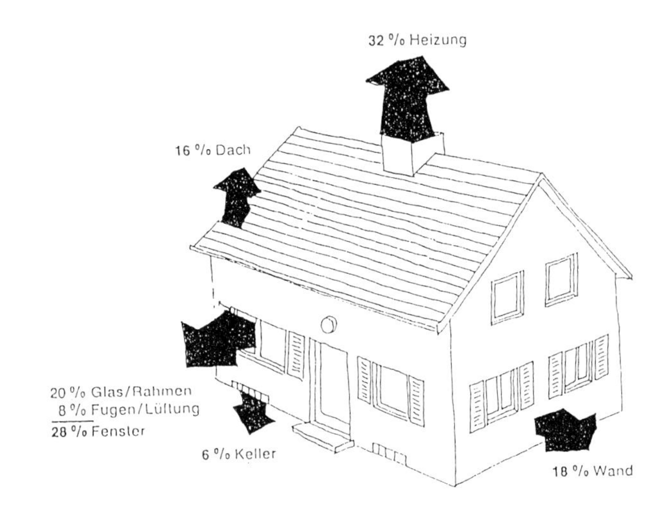

Gartenhofhaus 125 m² Wohnfläche Die ebenerdige Bauweise des Gartenhofhauses mit der größten gebäudeumhüllenden Fläche erfordert die höchsten Heizkosten. Das Verhältnis von Außenflächen des Hauses zur Wohnfläche ist besonders ungünstig. Die Dachfläche und die meist großen Fensterflächen sind die schwächsten Stellen im Wärmeschutz dieses Hauses.

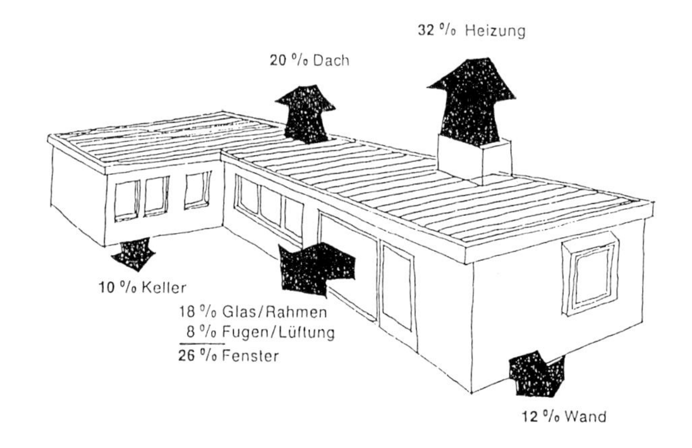

Wärmespeicherung

Die Wärmespeicherfähigkeit eines Mauerwerkes ist von großer Bedeutung für das Wohnklima. Wände aus schweren Baustoffen haben ein hohes Wärmespeichervermögen, das sich ausgleichend auf die Raumtemperatur auswirkt. In der kalten Jahreszeit wirken sie wie ein ›Kachelofen‹. Bei Nachtabsenkung der Heizung bleiben die Räume warm. Im Sommer bewirken sie durch ihre Wärmeträgheit eine gute Temperaturamplitudendämpfung und damit eine günstige Phasenverschiebung (9–13 Stunden). Das bedeutet, die nächtliche Kühle, die von den Außenwänden aufgenommen und gespeichert wird, wird in den Mittagsstunden, wenn es draußen am wärmsten ist, im Raum wirksam. Wände aus leichten Baustoffen mit geringem Speichervermögen sind zwar sehr schnell aufgeheizt, kühlen aber auch sehr schnell wieder aus.

Die Mindestdämmwerte der DIN 4108 berücksichtigen bereits die Wärmespeicherfähigkeit der Bauteile. Danach hat der einheitliche Mindestdämmwert nur Gültigkeit für Bauteile mit einem Flächengewicht ≧300 kg/qm, um die Speicherwirkung der Masse ausgleichend einzubringen. Für Bauteile mit einem Flächengewicht unter 300 kg/qm werden nach Gewicht gestaffelt bis auf das 4fache erhöhte Mindestdämmwerte gefordert, um die fehlende Speicherwirkung leichter Bauteile auszugleichen.

Die Anforderungen der DIN 4108 gelten für Aufenthaltsräume in Hochbauten sowie für andere Räume, die nach ihrem üblichen Verwendungszweck auf normale Innentemperaturen ≧19° beheizt werden.

Aber auch für die Sommerzeit ohne Beheizung soll die Speicherwirkung auf der Raumseite der Gebäudeumfassungsflächen möglichst hoch sein. So ist es möglich, kurzzeitige Temperaturstürze zwischen Tag und Nacht, die im Sommer bis zu 20° betragen, durch die der Tageszeit entsprechende Wärme- oder Kälteabgabe der Speichermasse auszugleichen. Eine hohe Speicherwirkung ist daher ein wesentlicher Faktor der Wohnbehaglichkeit.

Im Sommer kann bei entsprechend hoher Außenlufttemperatur das Temperaturgefälle bei einer Außenwand und damit der Wärmestrom von außen nach innen gerichtet sein. Langfristig verläuft aber in der Winterperiode und in unseren Breitengraden das Temperaturgefälle in einer Außenwand beheizter Räume von innen nach außen. Der Wärmeverlust aufgrund dieses Temperaturgefälles ist um so kleiner, je kleiner der k-Wert der Wand ist.

Der Wärmespeicherfähigkeit kommt eine ebenso große Bedeutung zu wie der Wärmedämmung. Eine Temperaturänderung erfolgt beispielsweise zeitlich um so langsamer, je größer die Wärmedämmung und die Wärmespeicherfähigkeit der Bauteile ist. Die vorhandene Wärmespeicherung wird bezogen auf die niedrigste Umgebungstemperatur und ist abhängig vom Temperaturgefälle in der Wand.

Die innere Wärmespeicherung ist auch von der Lage der Dämmschicht abhängig. Je weiter außen die zusätzliche Wärmedämmung liegt, desto größer ist die innere Wärmespeicherung. Deshalb sinkt im Fall einer Heizunterbrechung die Raumtemperatur bei außen gedämmten Konstruktionen langsamer ab.

Die Temperaturträgheit der Außenwände wird bestimmt durch Amplitudendämpfung und Phasenverschiebung. Bei den periodischen täglichen Außentemperaturschwankungen im Sommer ist von Bedeutung, in welchem Maße die äußeren Schwankungen innerhalb der Konstruktion gedämmt werden, das heißt wie sich die äußeren Temperaturschwankungen an der Innenseite bemerkbar machen. Das

Verhältnis von äußerer zu innerer Temperaturamplitude wird als ›Temperaturamplitudendämpfung‹ bezeichnet. Amplitudendämpfung und Phasenverschiebung charakterisieren das wärmetechnische Verhalten von Außenwänden gegenüber instationären Temperatureinflüssen.

Grundregeln

1. Schwere massive Bauteile mit hoher Wärmespeicherfähigkeit haben im allgemeinen eine hohe Temperaturamplitudendämpfung und eine günstige Phasenverschiebung.
2. Bei mehrschichtigen Außenwandkonstruktionen sollte der wärmespeicherfähige schwere Baustoff innenseitig, die leichte Wärmedämmung außenseitig angeordnet werden.
3. Schwere wärmespeicherfähige Innenwände gleichen bei großen Fensteranteilen Temperaturschwankungen der Raumluft aus.
4. Helle Fassadenflächen sind bei hohen sommerlichen Außentemperaturen und intensiver Sonneneinstrahlung günstiger als dunkle. Helle Flächen reflektieren die Sonnenstrahlen und wirken damit hohen Oberflächentemperaturen entgegen.
5. Schwere wärmespeicherfähige Außen- und Innenwände halten die Raumtemperatur auch bei hohen sommerlichen Außentemperaturen niedrig. Die tagsüber in den Wänden aufgespeicherte Wärmeenergie kann in den kühleren Nachtstunden durch Lüftung abgeleitet werden.

Wärmespeicherfähigkeit von Mauerwerk z. B. aus Poroton-Ziegeln in Std.

Ziegelrohdichte in kg/dm^3	0,24 m	0,30 m
0,7	168,0	210,0
0,8	192,0	240,0

Auskühlzeit

Die Auskühlzeit charakterisiert das Auskühlverhalten eines Außenbauteiles im Winter bzw. der Aufwärmung im Sommer. Sie errechnet sich als Quotient von Wärmespeicherfähigkeit und Wärmedurchgangskoeffizient. Wohnräume werden um so behaglicher beurteilt, je länger die Auskühlzeit ist. In die heutige Betrachtung des Wärmeschutzes nach DIN 4108 bzw. der Wärmeschutzverordnung geht die Auskühlzeit nicht ein.

Temperaturträgheit

Mit dem Begriff ›Temperaturträgheit‹ ist das Verhalten eines Baustoffes oder einer Konstruktion gegenüber äußeren Temperaturschwankungen definiert. Den äußeren Temperaturschwankungen kann eine Außenwand mehr oder weniger großen Widerstand entgegensetzen, das heißt zeitlich entweder sehr schnell oder auch sehr langsam folgen. Die Temperaturträgheit wird sowohl von der Wärmedämmfähigkeit der Außenwandkonstruktion als auch von der Wärmespeicherfähigkeit der in der Wand verarbeiteten Baustoffe bestimmt.

Amplitudendämpfung

Die regelmäßigen Schwankungen der Außentemperaturen wiederholen sich zeitlich in Höchst- und Tiefstwerten, was letztlich periodische Schwankungen ergibt.

Die Höhe der Temperaturen und die Intensität der Sonneneinstrahlung wechseln durch den Rhythmus von Tag und Nacht ab, so daß sich eine Periode oder Wellenlänge von 24 Stunden ergibt.

Periodische Schwankungen der Lufttemperatur und der Sonneneinstrahlung rufen entsprechende Schwankungen der äußeren oder inneren Wandoberflächentemperatur hervor. Die äußeren Temperaturschwankungen werden mehr oder weniger durch die Außenwand gedämpft, das heißt, auf der inneren Wandoberfläche zeigt sich die Temperaturschwankung in reduzierter Größe. Das Verhältnis von äußerer Amplitudenhöhe zu innerer wird Amplitudendämpfung (TAV = Temperaturamplitudendämpfungsverhältnis) genannt.

Phasenverschiebung

Wenn Temperaturwellen auf eine Außenwand treffen, so bewirkt letztere nicht nur eine Dämpfung der Temperaturamplituden, sondern auch eine zeitliche Verzögerung, die Phasenverschiebung. Unter dem Begriff ›Phasenveschiebung‹ versteht man also die Zeitspanne, die vergeht, bis eine Temperaturwelle von der Außenseite der Wand bis zur Innenseite durchgewandert ist.

Für die Raumbehaglichkeit ist es von nicht geringem Einfluß, ob die sommerliche Wärme bereits um 14 Uhr oder erst um 18 Uhr, wenn sich die Luftabkühlung bereits auswirkt, zur Erhöhung der Temperatur in den Räumen führt. Nicht zuletzt wegen des instationären Wärmeaustausches ist auch die sommerliche Raumtemperatur mitbestimmend für das Raumklima.

Für die Berechnung der Größen ›Amplitudendämpfung‹ und ›Phasenverschiebung‹ gibt es verschiedene Verfahren, auf deren Wiedergabe wegen ihrer Kompliziertheit hier verzichtet wird.

Außen- oder Innendämmung?

Außendämmung

Nach den heutigen Erkenntnissen ist die Außendämmung die bauphysikalisch richtige Lösung. Sie bietet eigentlich nur Vorteile:

- Günstiger Temperaturverlauf
  Temperatureinflüsse auf das Mauerwerk sind sehr gering, so daß es zu keinen temperaturbedingten Formänderungen (Risse) im Mauerwerk kommt.
- Keine Wärmebrücken, da durchlaufende Decken, Betonstürze usw. ebenfalls gedämmt werden.
- Das Wärmespeichervermögen der Wandkonstruktion wird erhöht.
- Guter sommerlicher Wärmeschutz.
- Erfüllung des Regenschutzes gemäß DIN 4108, Teil 3, ist bei richtigem Putzaufbau gewährleistet.
- Einwandfreies Diffusionsverhalten bei richtiger Bemessung der Dämmschicht.
- Gesundes und behagliches Wohnklima.
- Je nach Dämmstoffstärke gute Wärmedämmung und hohe Heizkosteneinsparung.

Innendämmung

Die Innendämmung ist bauphysikalisch bedenklich. Sie bringt viele Nachteile mit sich und ist nur in wenigen Ausnahmefällen sinnvoll, z. B. bei Räumen, die nur selten benutzt werden und schnell aufgeheizt sein sollen. Es muß aber in jedem Falle geprüft werden, ob eine Dampfsperre oder zumindest eine Dampfbremse erforderlich wird.

Mögliche Nachteile sind:

- Ungünstiger Temperaturverlauf
  Das Mauerwerk ist extremen Temperaturschwankungen unterworfen, das heißt, es besteht die Gefahr von Rißbildung. Falls Wasser in das Mauerwerk eindringt, kann es zu Frostschäden führen, da das Mauerwerk in der Frostzone liegt.
- Durchlaufende Decken, Betonstürze usw. müssen zusätzlich gedämmt werden, wenn keine Wärmebrücken entstehen sollen.
- Das Wärmespeichervermögen der Wand geht verloren, die Räume kühlen schnell aus.
- Wohnraum-Nutzfläche geht verloren.
- Kein einwandfreies Diffusionsverhalten. Der Taupunkt liegt meistens (abhängig von der Dämmschichtstärke) zwischen Mauerwerk und Dämmung. Es kann zu erheblicher Feuchtigkeitsanreicherung kommen.
- Der Schallschutz wird unter Umständen sehr stark negativ beeinträchtigt.

Die Innendämmung hat ihre Einsatzgebiete mehr bei Sonderbauten mit äußerem Sichtmauerwerk oder Sichtbeton. Auch ist bei der nachträglichen Dämmung oder der Anordnung einer zusätzlichen Dämmung in einzelnen Räumen des Gebäudes die Innendämmung häufig die einzig mögliche Art der Ausführung. Allerdings müssen dabei für die Deckenkanten und für die in die Außenwand einbindenden Innenwände besondere konstruktive Maßnahmen zur Vermeidung von Kältebrükken ergriffen werden.

Bei nicht dauernd genutzten Räumen hat die Innendämmung den Vorteil, daß mit kürzeren Anheizzeiten der Raumluft gerechnet werden kann, da die Innendämmung als Wärmebremse eine schnelle Wärmeabgabe an das tragende Mauerwerk verhindert.

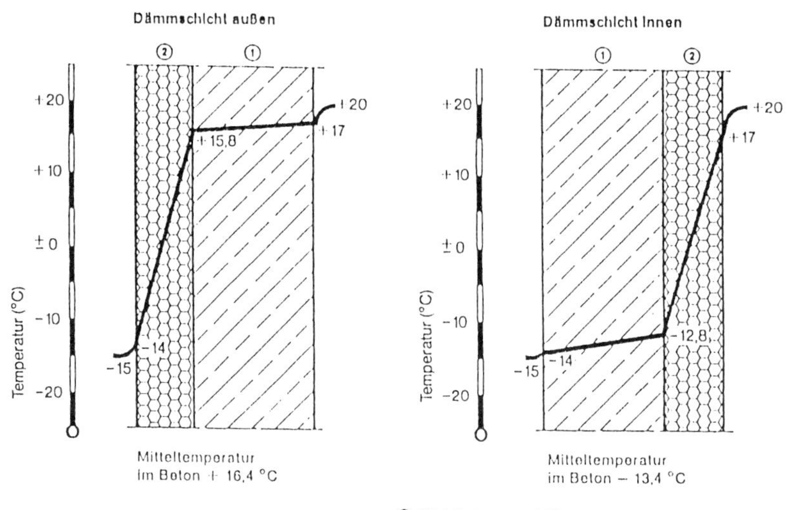

Es wäre zu einseitig, grundsätzlich eine Innen- oder Außendämmung zu empfehlen. Obwohl in beiden Fällen der Wärmedurchlaßwiderstand und damit die Wärmedurchgangszahl k gleich sind, hat doch der Schichtaufbau einen wesentlichen Einfluß auf die Temperaturverteilung innerhalb der einzelnen Wandschichten. Nur die genaue Kenntnis der im Einzelfall gestellten Anforderungen hinsichtlich der Nutzung, der konstruktiven, bauphysikalischen oder ästhetischen Ausbildung der Wand sowie finanzielle Überlegungen lassen eine optimale Antwort zu.

Bei der Innendämmung ist aus bauphysikalischen Gründen eine zusätzliche Dampfbremse (mind. $\mu \times d = 3$ m) erforderlich. Dadurch sind zwar die Wärmedämmwerte ebenfalls gut, die Wärmespeicherung ist dagegen zu gering und damit die Auskühlzeit zu kurz, das heißt, sie ist noch geringer als bei ungedämmtem Mauerwerk. Aufgrund der notwendig werdenden Dampfbremse, die einen Porenverschluß der Innenwandoberfläche bedingt, ist zwar der Wasserdampfdurchgang nunmehr bauphysikalisch in Ordnung, das Feuchtigkeitsspeichervermögen der inneren Schicht vor der Dampfbremse aber zu gering. Damit können sich negative Auswirkungen auf die Feuchteregulierung im Wohnraum ergeben, denn die auf das Wohnklima regulierend wirkenden Einflüsse der Wandkonstruktion sind damit ausgeschaltet. Die Entscheidung, ob und wann eine Außen- oder Innendämmung zweckmäßig ist, ist von den jeweiligen örtlichen und konstruktiven Gegebenheiten des Baukörpers abhängig.

Kerndämmung

Kerndämmungen sind bauphysikalisch in vielerlei Hinsicht optimal. Sie erbringen hohe Schallschutzwerte, der Brandschutz ist ausgezeichnet. An Installationsleitungen, Deckenkanten sowie Innenwandanschlüssen sind keine Einzel-Dämmaßnahmen notwendig.

Wärmedämmvermögen

Die Reihenfolge der einzelnen Wandschichten hat keinen Einfluß auf das Wärmedämmvermögen oder, technisch ausgedrückt, auf den Wärmedurchlaßwiderstand und die Wärmedurchgangszahl einer Wand. Das folgende Beispiel zeigt die Dämmwerte einer ungedämmten Wand und zum Unterschied die gleiche Wand mit Innen- bzw. Außendämmung.

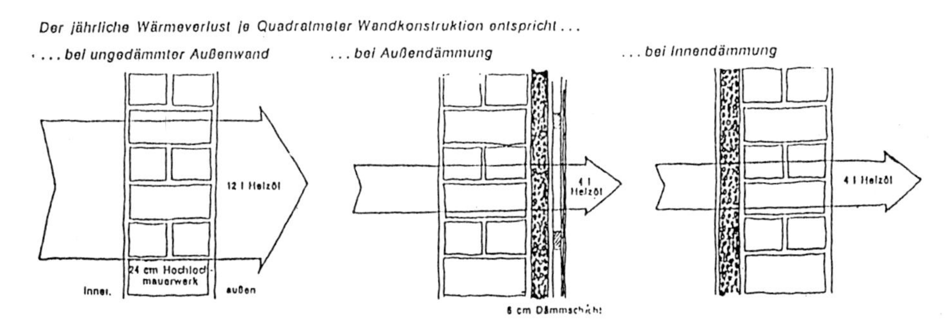

Temperaturverteilung

Hinsichtlich der Temperaturverteilung in der Außenwand spielt es eine erhebliche Rolle, ob die Dämmschicht innen oder außen liegt, wie das folgende Beispiel deutlich erkennen läßt.

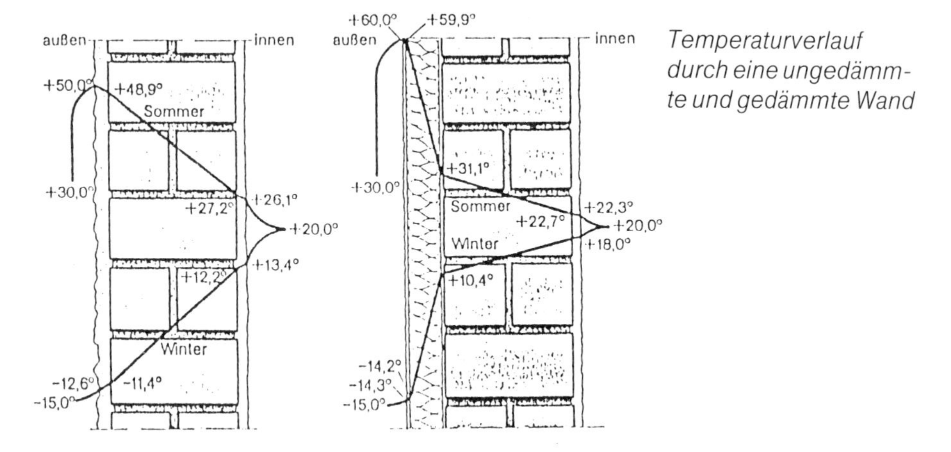

Temperaturverlauf durch eine ungedämmte und gedämmte Wand

Gegenüberstellung der Vor- und Nachteile von Innen- und Außendämmung

	Innendämmung	Außendämmung
Heizwirkung	Vorteil: Schnelles Aufheizen der Räume möglich (wichtig bei Räumen mit unterbrochenem Heizbetrieb, z. B. nur zeitweise genutzte Wohnräume, Hobbyräume, Wochenendwohnungen, Versammlungsräume). Nachteil: Geringe Wärmespeicherung der Außenwände.	Vorteil: Nutzungsmöglichkeit der Wärmespeicherung der Außenwände und dadurch besserer Ausgleich von Temperaturschwankungen in den Räumen. Nachteil: Längere Anheizzeiten durch Wärmeaufnahme der Außenwände.
Wärmebrücken	Nachteil: Wärmebrücken kaum vermeidbar (z. B. Anschluß von Zwischenwänden, Balkonen und Decken).	Vorteil: Wärmebrücken sind vermeidbar (Ausnahme z. B. auskragende Balkonplatte).
Gebäudeschutz	Nachteil: Temperaturschwankungen in der massiven Außenwand bleiben.	Vorteil: Wände sind vor großen Temperaturschwankungen geschützt (z. B. wichtig bei Mischmauerwerk).
Rohrleitungen	Nachteil: Zusätzliche Wärmedämmung wasserführender Leitungen in Außenwänden erforderlich.	Vorteil: Rohrleitungen sind vor Einfrieren geschützt.

Eine äußere Wärmedämmung schützt die gesamte Konstruktion vor größeren Temperaturschwankungen. Bei Innendämmung muß die Konstruktion wesentlich größere Temperaturspannungen aufnehmen. Gemauerte Wände nehmen derartige Beanspruchungen meist ohne weiteres auf.

Mineralfaserdämmung innen – auch ohne Dampfsperre?

Bei innengedämmten Baukonstruktionen wird in der Praxis mit Recht aus verschiedenen bauphysikalischen Gesichtspunkten zu erhöhter Vorsicht und sachkundiger Ausführung geraten (Wärmebrücken, Schallschutz, Brandschutz). Was den klimabedingten Feuchteschutz betrifft, so sind – nach gängiger Auffassung – Tauwasserschäden unvermeidlich, falls die Konstruktion mit raumseitiger Mineralfaserdämmung ohne innenliegende Dampfsperre ausgeführt wird.

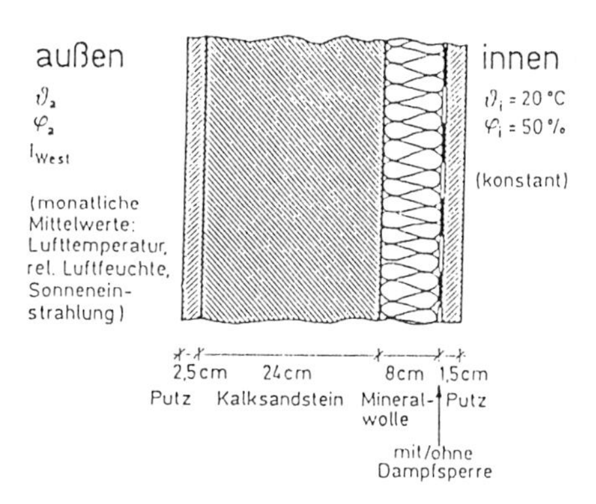

Lage und Art der Dämmschicht und ihr Einfluß auf die Schalldämmung

Verschlechterung des Schallschutzes durch Wärmedämmsysteme

Die zusätzliche Wärmedämmschicht wirkt sich nicht nur auf die Schalldämmung gegen Außenlärm, sondern auch auf die Schallängsübertragung zwischen benachbarten Innenräumen aus, was den Schallschutz zwischen über- oder nebeneinander liegenden Wohnungen erheblich verschlechtern kann. Das gilt für bestimmte Dämmsysteme auf der Innenseite, z.B. das Verbundsystem Gipskartonplatte auf Polystyrolhartschaum.

Die Erhöhung der Schallängsleitung, zuerst bei anbetonierten Holzwolle-Leichtbauplatten beobachtet, beruht physikalisch darauf, daß die Putzschale und die Dämmschicht wie ein Masse-Feder-System mit einer charakteristischen Resonanzfrequenz wirken, was sich in starken Meßeinbrüchen des Schalldämmaßes bemerkbar macht.

Durch die Einführung von Wärmedämmsystemen auf der Außenseite des Mauerwerks (sogenannte Thermohaut) drängt sich die Frage auf, ob auch in diesen Fällen der Schalldurchgang oder die Schallängsleitung durch einen Resonanzeffekt beeinflußt werden.

Luftschalldämmung bestimmt Schallängsleitung

Die Luftschalldämmung in Massivbauten wird im wesentlichen durch die Größe der Schallängsleitung bestimmt. Aus früheren Untersuchungen und Messungen sind Ergebnisse über die Änderungen des bewerteten Längsschallmaßes infolge einer innenliegenden Wärmedämmung mit Vorsatzschale bekannt. Alle bisher veröffentlichten Werte zur Längsschalldämmung von Vorsatzschalen mit unterschiedlichen Dämmstoffen können quantitativ nicht miteinander verglichen werden, weil

- die flächenbezogene Masse der tragenden Wand unterschiedlich war
- die flächenbezogene Masse der Gipskartonplatte differierte
- die dynamische Steifigkeit des Dämmstoffes unterschiedlich war
- die Befestigungsart unterschiedlich gestaltet war
- einerseits Verbundplatten, andererseits getrennte Systeme verwendet wurden.

Die Eigenfrequenz wird um so niedriger, je geringer die dynamische Steifigkeit der federnden Dämmschicht ist. Durch die Erhöhung des Flächengewichtes wird die Eigenfrequenz ebenfalls niedriger. Die Dicke einer Vorsatzschale ist jedoch begrenzt, damit sie noch im Bereich der biegeweichen Platten bleibt.

Schalltechnische Auswirkungen

Seit derartige Verkleidungen in größerem Umfang angewandt werden, treten immer wieder Klagen über einen ungenügenden Schallschutz auf. Es wird bemängelt, daß normale Sprache von einem Geschoß zum anderen durchzuverstehen sei, wenn es draußen ruhig ist.

Die Lage der Resonanzfrequenz hängt im wesentlichen von der dynamischen Steifigkeit s′ der Dämmschicht ab, wobei Besonderheiten der Dämmschichtbefestigung noch von Bedeutung sein können. Je steifer die Dämmschicht ist, um so höher ist die Resonanzfrequenz.

Jede Verkleidung wird eine solche Resonanzfrequenz aufweisen. Es ist nur die Frage, wo die Resonanzfrequenz liegt: mitten im interessierenden Frequenzgebiet oder bei viel tieferen oder höheren Frequenzen.

Die Verminderung des Luftschallschutzmaßes (LSM) durch Flankenübertragung kann 5–7 dB betragen.

Vermeidung des Mangels

- Dort, wo die Schalldämmung zu Nachbarräumen eine wesentliche Rolle spielt, sollten keine Hartschaumplatten als innenseitige Wärmedämmung verwendet werden.
- In diesen Fällen müssen weichfedernde Dämmschichten, z. B. Mineralfaserplatten, verlegt werden.
- Das Anbringen von Wärmedämmschichten an der Außenseite von Außenwänden ist schalltechnisch unbedenklich, soweit es sich um die Schallübertragung von Raum zu Raum handelt.

Vorhangfassade

Fassadendämmplatten hinter kleinformatigen Verkleidungsplatten auf doppeltem Lattenrost

Als Regenschutz wie auch aus technischen und architektonischen Gesichtspunkten haben sich in der Praxis vorgesetzte Fassadenbekleidungen bewährt. Über die Größe der notwendigen Belüftungsöffnungen liegen keine eingehenden Untersuchungen vor. Nach DIN 18515 (Fassadenbekleidungen aus Naturwerksteinen, Betonwerksteinen und keramischen Baustoffen) sollen am oberen und unteren Abschluß horizontale Belüftungsschlitze angeordnet werden, damit der Luftraum hinter der Bekleidung mit der Außenluft verbunden ist. Für die Größe der Belüftungsschlitze werden in der Norm 1–3% der Fassadenfläche gefordert.

Besteht die Fassadenbekleidung aus kleinformatigen Platten (Asbestzementplatten, Kunststoffplatten oder Holzschindeln), die schuppenförmig übereinander an horizontalen Holzlatten oder Metallprofilen befestigt werden, werden in der Regel zuvor vertikale Konterlatten angebracht. Sie sollen in Verbindung mit den Belüftungsschlitzen eine Hinterlüftung zur Gewährleistung eines raschen Abtransportes eventuell vorhandener Feuchtigkeit ermöglichen.

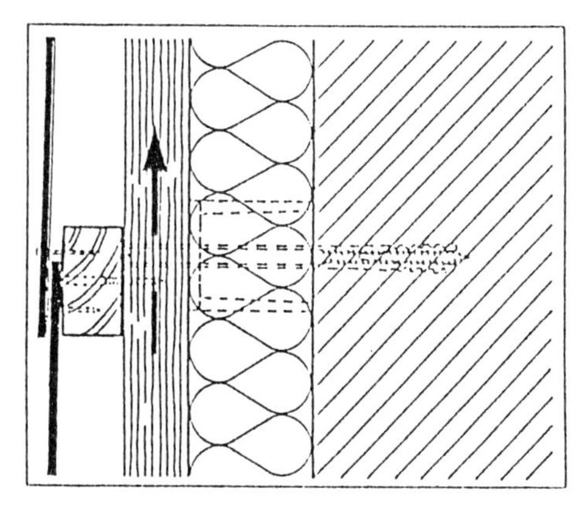

Hierbei zeigt sich, daß zwei Mechanismen mit unterschiedlicher Wirkung die Hinterlüftung beeinflussen:

- der durch Sonneneinstrahlung entstehende thermische Auftrieb, der eine relativ gleichmäßige, in der Regel aufwärts gerichtete Luftströmung bewirkt,
- die Staudruckdifferenz, die durch Windanströmung an den Plattenrändern entsteht und nicht, wie vielfach angenommen, an den Rändern der gesamten Fassade.
  Diese Staudruckdifferenz ist abhängig von der Geometrie des angeströmten Gebäudes, Störeinflüssen in der Umgebung (Bebauung, Bepflanzung), den stets gegebenen Schwankungen von Windgeschwindigkeit und Windrichtung.

Die Hinterlüftung sowohl aufgrund von thermischem Auftrieb als auch von Staudruckdifferenzen erweist sich unabhängig von der Gebäudehöhe.

Notwendigkeit der Hinterlüftung

Bei Außenwänden aus Mauerwerk oder anderen porösen Stoffen, die eine gewisse Anfangsfeuchte aufweisen, oder durch die in Folge von Wasserdampfdiffusion ein

Feuchtetransport vom Raum nach außen auftritt, ist die Möglichkeit einer Feuchtigkeitsabgabe nach außen erforderlich. Sind bei solchen Wänden außen mit Luftabstand vorgesetzte Bekleidungsplatten angebracht, so erfolgt die Feuchtigkeitsabfuhr nach zwei verschiedenen Mechanismen:

- Ideale Hinterlüftung (linkes Bild)
  Bei idealer Hinterlüftung herrschen in der Luftschicht zwischen Wand und Vorsatzschale Außenluftbedingungen. Die Luftschicht hat somit keine wärmedämmende Wirkung. Aus der Wand ausdiffundierende Feuchtigkeit wird mit der Luftströmung abgeführt, die durch Temperatur- und Druckdifferenzen verursacht wird.
- Fehlende Hinterlüftung (rechtes Bild)
  Bei fehlender Hinterlüftung hat die praktisch ruhende Luft zwischen Wand und Vorsatzschale eine wärmedämmende Wirkung. Die relative Luftfeuchte in dieser Luftschicht kann infolge eindiffundierender Feuchte bei 100% liegen. Dies führt bei geringer Abkühlung von außen zu Tauwasserbildung auf der Rückseite der Vorsatzschale. Entstehendes Tauwasser kann nach unten ablaufen bzw. durch Undichtigkeiten in der Vorsatzschale nach außen abdiffundieren.

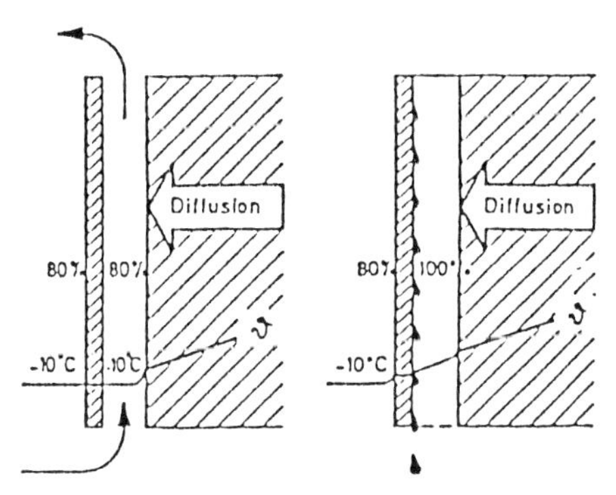

Schematische Darstellung des Feuchtigkeitstransports von einer Wand mit vorgesetzter Bekleidungsplatte nach außen

links: voll belüftet, Feuchtigkeitsabfuhr durch Hinterlüftung

rechts: nicht belüftet, Luftschicht und Feuchtigkeitsabfuhr durch Tauwasserausfall an der Bekleidungsplatte.

Hinterlüftung *Tauwasserausfall*

In der Praxis werden beide Mechanismen des Feuchtigkeitstransportes in unterschiedlichen Anteilen im Einzelfall zusammenwirken. Wichtig ist, daß bei fehlender Hinterlüftung kein großflächiger Kontakt zwischen der Vorsatzschale und dem Mauerwerk besteht, da sonst das Tauwasser von der Rückseite der Vorsatzschale wieder kapillar in das Mauerwerk zurückgeleitet wird.

Untersuchungen bestätigen, daß im Belüftungsraum die Temperatur im Mittel immer um ca. 3° wärmer ist als die Temperatur der Außenluft. Geht man für die Heizperiode von einem mittleren Wärmegefälle zwischen Innenraum und Außenluft von 20° aus, so ergibt sich eine Minderung des Transmissionswärmeverlustes von

$$\frac{20-3}{20} \times 100 = 8,5\%$$

Das bedeutet, daß bei sonst gleichem Wandaufbau, also ohne Erhöhung der Dämmschicht, allein durch die belüftete Bauart der Wärmedurchgang und damit der Heizenergieverlust um ca. 8,5% reduziert werden kann.

Bei außen angebrachten Wärmedämmschichten mit direkt aufgebrachtem Feuchteschutz muß die unterschiedliche Wärmedämmung der einzelnen Schichten und der Dämmung berücksichtigt werden. Risse in der Außenhaut führen sonst zu unkontrollierbaren und erst spät erkennbaren Durchfeuchtungen. Vorgehängte Fassaden dagegen bilden ein offenes, überschaubares System; jegliche Feuchtigkeit aus Niederschlägen oder Diffusion kann entweichen. Vorgehängte Fassaden gehören darüber hinaus zu den Wandausbildungen, die laut DIN 4108, Teil 3, in die höchste Schlagregen-Beanspruchungsgruppe eingestuft werden.

Luftbewegung und Temperaturverhältnisse im Lüftungsspalt

Bei Belüftung geschoßhoher Wände durch Öffnungen an deren oberem und unteren Ende in Größe des Luftspaltquerschnittes (Maximalbelüftung) treten im Luftspalt Strömungen auf, die sich nicht nennenswert unterscheiden, wenn man die Spaltbreite zwischen 25 mm und 100 mm variiert. Die Strömungsgeschwindigkeiten liegen in diesen Fällen im Mittel bei 0,2 m/sec und bei ca. 0,75 m/sec als Maximum. Bei einer Größe der Öffnungsquerschnitte oben und unten von zusammen 2‰ der Fassadenfläche (Minimalbelüftung), wie zur Ermöglichung einer Feuchtigkeitsabfuhr aus der Konstruktion üblich, beträgt die mittlere Luftbewegung weniger als 0,1 m/sec.

Schallschutz von hinterlüfteten Fassaden

Eine Plattenverkleidung, die mit Abstand vor einer Wärmedämmschicht (z.B. Mineralfaser) außenseitig auf eine massive Wand angebracht ist, kann die Schalldämmung verbessern. Der Grad der Verbesserung hängt davon ab, wie biegeweich diese Vorsatzschale ist, wie Element- und Lüftungsfugen ausgebildet sind, ob ein – und gegebenenfalls welches – Dämmaterial sich zwischen der Wetterhaut und der Wand befindet.

Im wesentlichen werden Asbestzement-Platten sowie Blech- und Aluminium-Elemente verwendet, die auf einem Lattenrost oder mit Abstandshaltern montiert werden. In den 40–80 mm tiefen Lufthohlraum werden Mineralfaserplatten oder -matten befestigt; die Befestigung der vorgesetzten Fassadenplatten an der Wand sollte möglichst punktförmig oder elastisch erfolgen.

Eine geringe Verschlechterung der Schalldämmung durch vorgehängte »Wetterhäute« wurde bei leichten Aluminium- oder Stahlprofilblechen mit großer Profiltiefe beobachtet, wenn sich in dem Zwischenraum zwischen Wetterhaut und Wand kein Schallabsorptionsmaterial befindet.

Eine vorgehängte Verkleidung bildet mit der Wand ein zweischaliges Schwingsystem, dessen Resonanzfrequenz bei genügend großem Luftabstand der beiden Schalen ausreichend tief liegt (= 100 Hz). Da geschlossenzellige Hartschäume kein Schallabsorptionsmaterial sind, ist gegebenenfalls ihre Stärke von dem Abstand der Verkleidung der Wand abzuziehen, um den akustisch wirksamen Luftabstand zu ermitteln. Die mit einer solchen Vorsatzschale gewonnene Verbesserung der Schalldämmung einer Massivwand kann bis 3 dB betragen.

Auf die vertikale oder horizontale Schallängsleitung haben außen befestigte Fassadenvorsatzschalen keinen wesentlich verschlechternden Einfluß, solange auf Holzwolle-Leichtbauplatten oder Polystyrol-Hartschaumplatten als dämmende Materialien in direktem Verbund mit Wetterhaut und Wand verzichtet wird.

Thermische Einflüsse an einer Außenwand

Temperaturverlauf in Bauteilen

Für die Beurteilung der wärmetechnischen Eigenschaften von Bauteilen genügen allgemein die Kenntnisse von der Wärmeleitfähigkeit und dem Wärmedurchlaßwiderstand, der Dampfdiffusions- und Dehnvorgänge sowie der Wärmespeicherfähigkeit; für die Wärmebedarfsberechnung eines Bauwerkes der Wärmedurchgangswiderstand und der Wärmedurchgangskoeffizient.

Vor allem zur Beurteilung der Diffusionsvorgänge mit der Gefahr der Kondenswasserbildung innerhalb des Bauteils müssen der Temperatur- und Dampfdruckverlauf innerhalb des Bauteils bekannt sein.

Dem Bestreben der Wärme, Temperaturdifferenzen zwischen innen und außen auszugleichen, wirkt der Durchgangswiderstand des zwischen innen und außen liegenden Bauteils entgegen. Innerhalb einer Baustoffschicht verläuft der Temperaturabfall bzw. -anstieg von Schichtgrenze zu Schichtgrenze linear.

Längendehnung der Bauteile infolge Temperatureinfluß

Bei Erwärmung dehnen sich alle Stoffe aus, bei Abkühlung ziehen sie sich zusammen (sogenannte Volumendehnung). Nur Wasser macht eine Ausnahme; es hat sein größtes spezifisches Gewicht bei +4°.

Direkte Sonneneinstrahlung heizt die Außenflächen teilweise bis auf +80° auf; im Winter kühlen sie sich bis auf −20° ab. Dies ergibt Temperaturschwankungen im Jahr von 100°. Am Tage können sie 70° (nächtliche Abkühlung) und innerhalb einer Stunde 30° (Gewitter) betragen (siehe Diagramm).

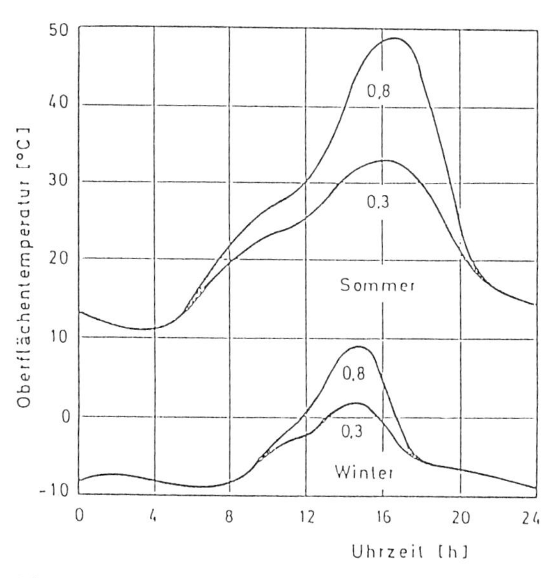

Berechnete Zeitverläufe der Oberflächentemperaturen während eines Sommertages und eines Wintertages bei folgendem Wandaufbau von außen nach innen (Westwand):

20 mm Außenputz
60 mm Polystyrol-Hartschaum ($\lambda \times 0{,}01$ l/mK)
240 mm Hochlochziegel

und Variation des Strahlungsabsorptionsgrades des Außenputzes:

a × 0,3 (hell)
a × 0,8 (dunkel)

Temperaturunterschiede innerhalb eines Bauteils haben immer thermische Spannungen zur Folge. Die wärmere Wandschicht will sich ausdehnen, wird aber durch die angrenzende kältere Schicht behindert. Hierdurch entstehen in der wärmeren Schicht Druckspannungen und in der kälteren Schicht Zugspannungen. Die Größe der Spannungen hängt – neben den technologischen Eigenschaften des Baustoffes – von der Größe der örtlichen und zeitlichen Temperaturschwankungen ab. Langsam verlaufende Temperaturänderungen haben geringere Spannungen zur Folge, rasche Temperaturänderungen führen dagegen zu großen Spannungen.

Kritisch ist hierbei immer die Abkühlphase, in der Zugspannungen auftreten, weniger kritisch die Erwärmungsphase mit Druckspannungen in der erwärmten Schicht. Die Druckfestigkeit ist bei mineralischen Stoffen bekanntlich wesentlich größer als die Zugfestigkeit. Bei Schichtkonstruktionen sind darüber hinaus noch die thermischen und technologischen Eigenschaften der einzelnen Schichten für die Größe der auftretenden Spannungen maßgebend.

Die Wärmedehnung

Das thermische Verhalten führt bei großen, zusammenhängenden Bauteilflächen gleichen Materials oder bei Anschlüssen von Materialien mit unterschiedlichen Ausdehnungskoeffizienten oft zu kritischen Längenänderungen. Problemverursacher sind die unterschiedlichen thermischen Beanspruchungen eines Bauteiles innen und außen, während im Sommer die unterschiedlich starke und dauernde Sonnenbestrahlung einzelner Bauteilflächen hinzukommt.

Die auftretenden Spannungen führen zur Rißgefahr in der tragenden Wandkonstruktion und zu Oberflächenrissen im Außenputz. In der Bauphysik geht man bei den thermischen Bewegungen von der Einbautemperatur, üblicherweise +15°, aus.

Einfluß der Dicke der Außenschicht

Die Dicke einer Außenschicht, die auf eine Wärmedämmschicht folgt, hat einen Einfluß auf die Temperaturschwankungen in dieser Schicht. Bei dicken Schichten verlaufen wegen der größeren Wärmekapazität die Temperaturänderungen langsamer als in dünnen Schichten. Dies wird aus nachfolgendem Diagramm ersichtlich.

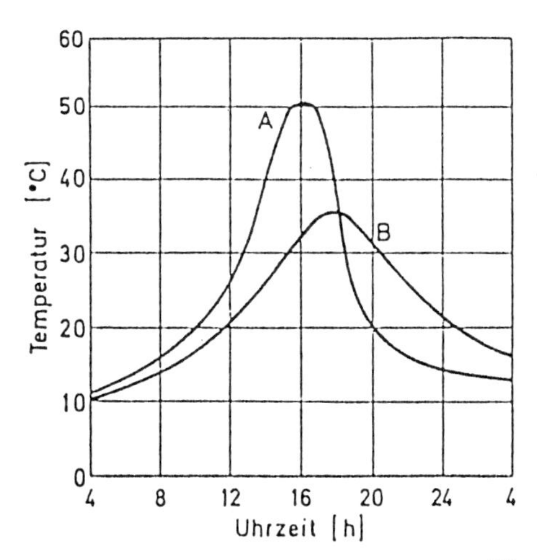

Tagesverläufe der Oberflächentemperaturen von Schichten unterschiedlicher Dicke.
Kurve A: 5 mm Kunststoffbeschichtung auf Hartschaumdämmplatten. Rascher und starker Temperaturanstieg, rascher Temperaturabfall.
Kurve B: 60 mm Normalbeton auf Hartschaumdämmplatten. Langsamer Anstieg und langsamer Abfall der Temperatur. Schadenrisiko geringer als im Fall A.

Einfluß der Wandfarbe

Die Wandfarbe ist von Einfluß auf die Wärmeaufnahme aus der Sonnenbestrahlung. Die Wandoberflächentemperatur kann durch die Wärmeschluckung dunkler Flächen eine Übertemperatur bis zu 60° gegenüber der Lufttemperatur erreichen. Das wäre zwar im Winter sehr wünschenswert, kann aber im Sommer zu hohen Wärmeausdehnungen und damit Rissen in den üblichen Wandkonstruktionen führen (siehe Diagramm).

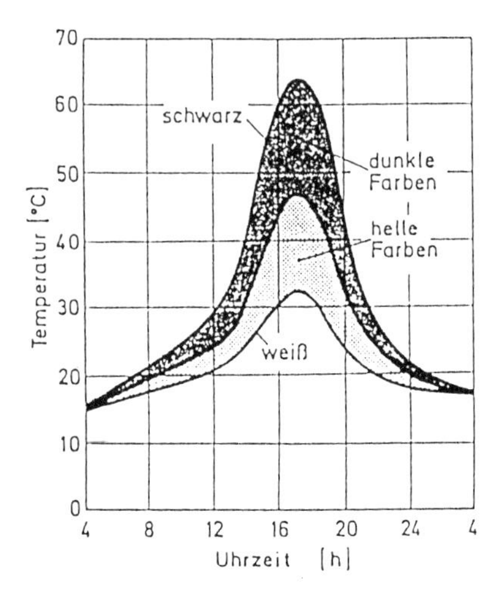

Tagesverläufe der Oberflächentemperatur von nach Westen orientierten Wandflächen unterschiedlicher Farbe unter sommerlichen Bedingungen.

Einfluß der Wandorientierung

Die zeitlichen Verläufe der Oberflächentemperatur von Außenwänden und damit die auftretenden Spannungen in den Oberflächenschichten werden auch durch die Wandorientierung beeinflußt (siehe Diagramm, in dem die Tagesverläufe der Oberflächentemperaturen einer Ost-, Süd- und Westwand im Sommer dargestellt sind).

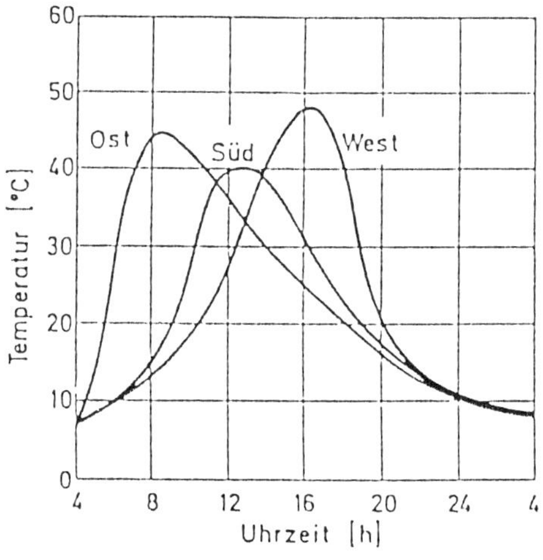

Tagesverläufe der Oberflächentemperaturen von Außenwänden unterschiedlicher Orientierung unter sommerlichen Bedingungen. Bei Westwänden treten die höchsten Temperaturen und eine rasche Abkühlung auf.

Bei der Ostwand erfolgt die Erwärmung rasch, die Abkühlung langsam (geringe Zugspannungen), bei der Westwand geht die Erwärmung langsamer vor sich, die Abkühlung aber wegen der auf das Temperaturmaximum folgenden nächtlichen Abstrahlung rasch (große Zugspannungen). Bei Westwänden treten daher häufiger als bei anders orientierten Wänden Schäden infolge thermischer Beanspruchung auf.

Einfluß der geographischen Lage

Da sich die atmosphärische Trübung und Luftverschmutzung auf die Strahlungsverhältnisse auswirken, beeinflussen auch der Gebäudestandort und insbesondere die Höhenlage die thermische Beanspruchung von Außenwänden. Strahlungsintensität und nächtliche Abstrahlung sind z. B. in Mittel- und Hochgebirgslagen größer als im Küstengebiet und in geschützten Lagen.

Einfluß von Wärmedehnkoeffizient und Elastizitätsmodul

Je größer der Wärmedehnkoeffizient der Außenbeschichtung ist, desto größer ist das Verformungsbestreben dieser Schicht bei Temperaturänderungen. Die auftretenden Spannungen in der äußeren Schicht bei Behinderung der Verformung sind wiederum um so größer, je größer der Elastizitätsmodul des Materials ist. Um die thermischen Spannungen in der äußeren Schicht in Grenzen zu halten, müssen diese beiden Werte – Wärmedehnkoeffizient und Elastizitätsmodul – aufeinander abgestimmt sein.

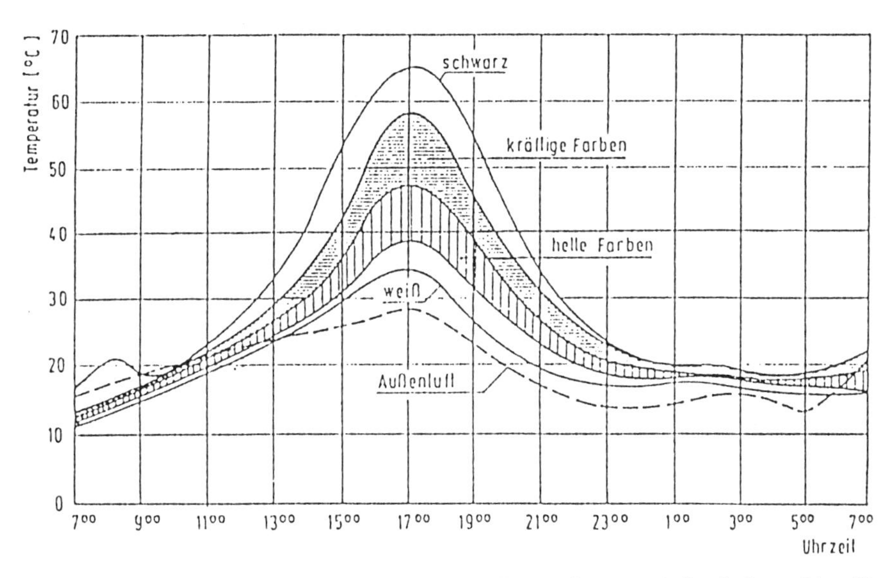

Einfluß des Absorptionskoeffizienten aus der Farbgebung auf die äußere Oberflächentemperaturschwankung und Einstrahlung (nach Künzel)

Schäden durch thermische Belastungen

Bei außenseitig wärmegedämmten Wänden ist die an die Wärmedämmschicht grenzende äußere Schicht (Putz, Beschichtung, Plattenbekleidung) größeren Temperaturschwankungen ausgesetzt als bei üblichem Mauerwerk. Treten hierdurch in der äußeren Schicht Schäden auf (Risse, Schichtablösungen), kann bei Beregnung die Dämmschicht durchfeuchtet und damit der Wärmeschutz beeinträchtigt werden

Ursache der Schäden

Temperaturunterschiede innerhalb eines Bauteils haben immer thermische Spannungen zur Folge. Die wärmere Wandschicht will sich ausdehnen, wird aber durch die angrenzende kältere Schicht behindert. Hierdurch entstehen in der wärmeren Schicht Druckspannungen und in der kälteren Schicht Zugspannungen. Die Größe der Spannungen hängt – neben den technologischen Eigenschaften des Baustoffes – von der Größe der örtlichen und zeitlichen Temperaturschwankungen ab. Langsam verlaufende Temperaturänderungen haben geringe Spannungen zur Folge, rasche Temperaturänderungen führen dagegen zu großen Spannungen. Kritisch ist hierbei immer die Abkühlphase, in der Zugspannungen auftreten, weniger kritisch die Erwärmungsphase mit Druckspannungen in der erwärmten Schicht. Bei Schichtkonstruktionen sind darüber hinaus noch die thermischen und technologischen Eigenschaften der einzelnen Schichten für die Größe der auftretenden Spannungen maßgebend.

Der Temperaturunterschied an gedämmten Wänden ist bei Sonneneinwirkung (Wärmeeinwirkung) im Zeitintervall größer als bei massiven/schweren Wänden. Je größer das Verhältnis gleicher eindringender Wärmemenge, um so größer ist der ›Wärmestau‹. Dieser für die meisten Schäden verantwortliche Wärmestau ist eine Funktion der Wärmeeindringzahl des Wandbildners.

Schadensmechanismen

An außenseitig gedämmten Wandkonstruktionen sind generell folgende Schadenstypen zu befürchten:
- Risse, insbesondere über den Stoß- und Lagerfugen der Dämmplatten
- Blasen, Abblätterungen durch Haftungsstörungen im Beschichtungsstoff bzw. zwischen Beschichtungs- und Dämmstoff
- Absaufen des Dämmstoffes, das heißt Wasser in flüssiger Form im Dämmstoff.

Das Auftreten von Blasenbildung und Haftungsverlust bei Außenputz müssen somit auf das Zusammenwirken von drei Eigenschaften der Wand zurückgeführt werden:
- großer Wassergehalt der Wand bei Aufbringung des Verbundsystems
- großer Dampfsperrwert des Putzes
- verseifbare Kunststoffanteile in der Grundschicht.

Kunststoffbeschichtungen können bei tiefen Temperaturen ihre sonst vorhandene gute Verformbarkeit stark einbüßen (Zunahme des Elastizitätsmoduls mit sinkender Temperatur). Wenn dort Risse auftreten, dann in der Regel bei tiefen Temperaturen und raschem Temperaturabfall im Winter (Überschreitung der Zugfestigkeit). Wegen dieser Temperaturabhängigkeit ist die erfolgreiche Anwendung von Kunststoffputzen auf Hartschaum-Dämmplatten von den örtlichen Klimabedingungen abhängig. Eine dunkle Farbgebung des Außenputzes sollte vermieden werden.

Wenn überhaupt Schäden an Wärmedämm-Verbundsystemen auftreten, so machen diese sich durch Blasen bzw. Abblätterungen und/oder eine erhöhte Feuchtigkeit in der Dämmschicht bemerkbar. Bei diesen feuchtebedingten Schäden, die bevorzugt an Süd/Südwest- bzw. Westseiten und nicht auf Nordseiten auftreten, scheidet als Schadensursache der Feuchtetransport von innen nach außen aus. Denn wäre die Schadensursache der Feuchtetransport von innen nach außen, so müßten an Nordseiten Feuchteschäden häufiger vorkommen als auf sonnenbeschienenen süd- bis westorientierten Flächen, da durch die fehlende Sonneneinwirkung an der Nordseite die Oberflächentemperatur an der Wandaußenseite über den Jahres- und Tagesverlauf am geringsten und der Feuchtetransport von innen nach außen dementsprechend an diesen Seiten am größten ist.

Temperaturannahmen zur Abschätzung der Wärmedämmung

1.	**Einbautemperaturen** Dach und Wand, im Querschnitt	
		ϑ_o
1.1	Einbau im Winter	+ 2 °C
1.2	Einbau im Sommer	+ 30 °C
2.	**Außenlufttemperatur** Winter Dach und Wand, auch im Luftraum belüfteter Flachdächer	
		ϑ_a
2.1	WDG I/II	+ 15 °C
2.2	WDG III	– 20 °C
2.3	in nicht ausgebautem Dachgeschoß	– 5 °C
3.	**Außenoberflächentemperatur im Sommer**	
3.1	Dach	ϑ_{ao}
3.1.1	Dachpappe ohne Bekiesung	+ 85 °C
3.1.2	Dachpappe mit Bekiesung	+ 60 °C
3.1.3	Ziegeldach (Süd-orientiert)	+ 60 °C
3.1.4	Dachdecke unter nicht ausgebautem Dachgeschoß	+ 35 °C
3.2	Wand	
3.2.1	Ost-orientiert	+ 45 °C
3.2.2	Süd-orientiert	+ 40 °C
3.2.3	West-orientiert, Farbe:	
3.2.3.1	schwarz	+ 65 °C
3.2.3.2	ziegelrot	+ 55 °C
3.2.3.3	grau	+ 50 °C
3.2.3.4	elfenbein	+ 45 °C
3.2.3.5	weiß	+ 40 °C
4.	**Innenraumtemperatur** Dach und Wand, Winter und Sommer	
	Bauteile im Inneren	ϑ_i
	allgemein	+ 20 °C

Temperaturen auf farbigen gedämmten Putzoberflächen

Auf der folgenden Tafel ist der nach Farbgruppen gestaffelte Temperaturverlauf an einem Sommertag an einer Westwand mit außenliegender Wärmedämmung dargestellt. Es sind auch, je nach Farbunterschied, die jeweils dazugehörenden Absorptions- und Reflexionsgrade in %-Sätzen aufgeführt. Man erkennt, daß auf Westwänden, unabhängig vom Farbton, aufgrund des flachen Einfallswinkels erst in den späten Nachmittagsstunden die größte Einstrahlung zur Auswirkung kommt.

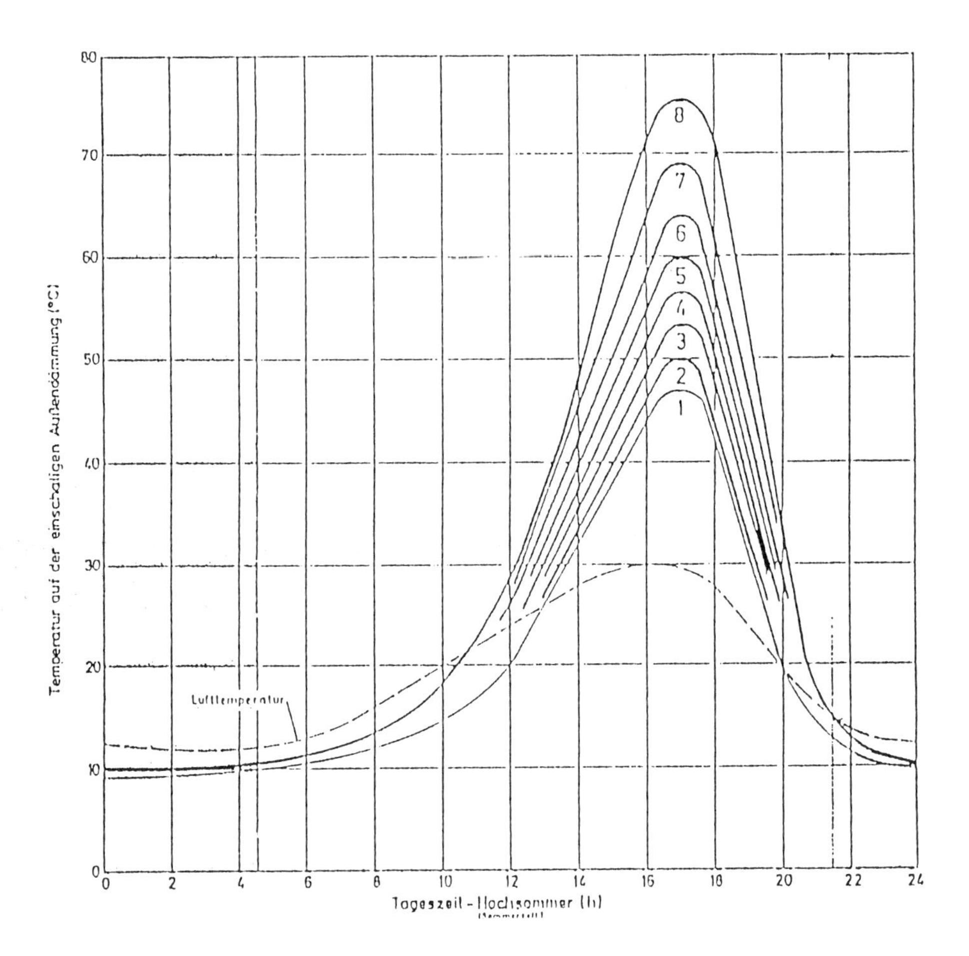

Die Temperaturunterschiede zwischen Sommer und Winter auf farbigen Putzflächen vor außenliegenden Dämmstoffen sind sehr groß. Der helle Putz besitzt einen Strahlungsabsorptionsgrad 0,3, der dunkle Putz einen Wert von 0,8. Der Temperaturverlauf wird entscheidend durch den Strahlungsabsorptionsgrad des Außenputzes bestimmt; er wird sich aber durch Verschmutzung, je nach Rauhigkeit der Putzoberfläche, verändern.

Schäden als Folge von thermisch-hygrischen Formänderungen

Formänderungen und ihre Einflußgrößen

Zahlreiche Arten der Formänderungen von Bauteilen werden wirksam und können zu Bauschäden führen. Formänderungen können grob unterteilt werden in lastabhängige Formänderungen, die durch Belastung der Konstruktion oder des Bauteils hervorgerufen werden, und lastunabhängige Formänderungen. Sie führen zur Veränderung des Bauteilvolumens, und zwar prinzipiell in allen drei Dimensionen. Da es sich im Bauwesen aber im allgemeinen nur um scheiben- bzw. stabförmige Bauteile handelt, genügt es in den meisten Fällen, die Formänderungen nur in einer oder zwei Richtungen zu bestimmen.

Der zeitliche Ausgangspunkt aller Betrachtungen ist der Einbau des betreffenden Bauteils oder derjenige Zeitpunkt, zu dem zwei Bauteile, deren unterschiedliche Verformungen von Bedeutung werden können, zusammengefügt werden.

Die Veränderung der Länge eines Bauteils durch Wärme- und Schwinddehnung – beginnend mit dessen Einbau – resultiert daraus,

- daß die Wärmedehnung auf Dauer wiederkehrende Bewegungen, die Schwinddehnung einmalig auftretende und über einen bestimmten Zeitraum hinweg wirksam werdende Bewegungen darstellen
- daß durch Erwärmung eintretende Längenänderungen gegebenenfalls durch Schwindbewegungen verringert werden können.

Eine detaillierte Verformungsberechnung, verbunden mit dem Nachweis der Rißsicherheit, kann nicht Aufgabe des planenden Architekten sein.

Die im Bauwesen auftretenden Dehnungen sind die ›elastische Dehnung‹, die ›Kriechdehnung‹, die ›Wärmedehnung‹ und die ›Schwinddehnung‹. Die Wärmedehnung ist eine lastunabhängige Verformung, die ein Bauteil aufgrund einer Temperaturänderung erfährt. Zu ihrer Berechnung wird der Wärmedehnungskoeffizient benutzt, der angibt, um wieviel mm/m sich ein bestimmter Baustoff bei einer Temperaturänderung von einem Grad C dehnt. Die Schwinddehnung ist ebenfalls eine lastunabhängige Verformung, die auf der Längenverminderung zement- oder kalkgebundener Baustoffe infolge Feuchtigkeitsabgabe beruht. Sie nimmt grundsätzlich immer negative Werte an und ist zeitabhängig. Das Ausmaß der Kontraktion, das nach Ablauf aller Schwindvorgänge erreicht wird, wird als Endschwindmaß bezeichnet.

Im Gegensatz zur Wärmedehnung ist die Schwinddehnung eine Verformungsart, die letztendlich ein für allemal zur Ruhe kommt; Rißbildungen, die ihre Ursache ausschließlich in der Schwinddehnung haben, sind demnach mit Erfolg nach einiger Zeit ausbesserbar, sofern nicht thermische Spannungen abgebaut werden. Gefährlich wird die Schwinddehnung vor allem wegen ihrer relativ hohen Werte, die diejenigen der Wärmedehnung unter Umständen bei weitem übertreffen können.

Schwinden nennt man die Volumenverringerung eines Baustoffes durch Wasserabgabe beim Austrocknen. Beim Mauerwerk kommt noch ein Schwindanteil aus dem Prozeß der Karbonatisierung des Kalks im Mörtel hinzu, wodurch die Gesamtschwindung vergrößert wird.

Kriechen bedeutet eine Zunahme der Verformung unter Dauerlast, wobei sich die Kriechverformung mit höherer Last ebenfalls vergrößert. Die Verformungen sind unmittelbar nach der Belastung am größten und lassen dann langsam nach. Der endgültige Beharrungszustand wird nach etwa 3–4 Jahren erreicht.

Verformungskenngrößen einiger Baustoffe

Material	Wärmedehnungs-koeffizient °T $\left(\frac{mm}{m\,°C}\right)$	Endschwindmaß ε_{SO} $\left(\frac{mm}{m}\right)$	
Metalle			
Blei	0,029	–	
Aluminium	0,023	–	
Messing, Zink	0,018	–	
Kupfer	0,017	–	
Stahl	0,011	–	
Mauerwerk			
Mauerziegel	0,006	±0,0... −0,10	
Kalksand- und Gasbetonsteine	0,008	−0,20	
Leichtbetonsteine	0,010	−0,20	
Naturbimsbetonsteine	0,010	−0,60	
Stahlbeton		Konsistenz	Konsistenz
beim Abbinden in...		K_1 und K_2	K_3
...Wasser	0,010	±0,00	±0,00
...feuchter Luft	0,010	−0,10	−0,15
...allgemein im Freien	0,010	−0,25	−0,37
...in Verbindung zu Innenräumen	0,010	−0,40	−0,60

Alle bisher genannten unterschiedlichen Formänderungen aus Temperaturdifferenz, Elastizität, Schwinden und Kriechen wirken am Bauwerk zusammen und können sich im Einzelfall in ihrer negativen Wirkung addieren.

Die Außenwand als trennender Bauteil zwischen Innen- und Außenklima ist durch Temperaturschwankungen relativ großen Belastungen ausgesetzt. Die Höhe der Temperatur an der äußeren Oberfläche der Außenwand wird im wesentlichen beeinflußt durch folgende Gegebenheiten

- Lufttemperatur und -bewegung
- Farbgebung und Intensität der Wärmestrahlung
- Lage der Wärmedämmschicht.

Thermische Verformungen, die in Längenänderungen in Wandebene und Wölbungen senkrecht zur Wandebene bestehen, können bei sommerlicher Sonnenzustrahlung im Verlaufe eines Tages oder langzeitlich im Wechsel von Sommer und Winter auftreten. Den langzeitlichen thermischen Verformungen überlagern sich in der Regel Schwind- und Kriechvorgänge, die unter Umständen zusätzliche Spannungen erzeugen oder bestehende Spannungen abbauen können. Vermeidbar sind derartige Schäden durch den bauphysikalisch richtigen Aufbau der Außenwände und der tragenden Innenwände, wobei die Auswahl aufeinander abgestimmter Baustoffe besonders wichtig ist.

Mehrschichtige Wandsysteme – Diffusionstechnische Anforderungen

Beim Entwerfen einer mehrschichtigen Wandkonstruktion sehen sich der Architekt und Ingenieur stets mit einer großen Zahl von Bedingungen konfrontiert, die in den Aufbau einbezogen werden müssen. Unter vielem anderen ist es der diffusionstechnische Aufbau der Konstruktion, der die Feuchtigkeitsstabilität des gesamten Bauwerkes und die Feuchtigkeitsbeständigkeit ihrer Räume sicherstellt.

Zur Beurteilung der Durchfeuchtungsursache eines mehrschichtigen Wandsystems sind praktisch nur die Wasserdampfdiffusionswerte brauchbar. Räume, deren Wandkonstruktion einen Schichtaufbau besitzt, bei dem innen eine Dampfsperre angebracht wurde, weisen unter bestimmten Umständen ständig eine höhere Raumluftfeuchtigkeit auf. Solche Wände erfüllen nicht die Rolle des Partners der Raumluftfeuchtigkeit beim Ausgleich der Feuchteschwankungen. Die raumseitige Dampfsperre unterbindet zwar die Befeuchtung der Wandkonstruktion, verhindert aber auch die mögliche Adsorption nach innen.

Solche diffusions- und feuchteemigrationsunfähigen mehrschichtigen Wandsysteme sind oft ein Produkt übertriebener Bemühungen, um jeden Preis und ohne Rücksicht auf andere geforderte Eigenschaften einen höheren Wärmeschutzwert der Konstruktion zu erreichen.

Die Planung einer Wandkonstruktion ist nicht besonders anspruchsvoll, aber es wäre falsch, diesen Teil der Planung zu unterschätzen. Die Form und die technologische Lösung einzelner Teile hat nicht nur Einfluß auf seine Eigenschaften als einzelnes Element, sondern auch auf die Eigenschaften der gesamten Konstruktion.

Bei der Lösung von Diffusions- als auch von Wasserdampfkondensationsproblemen entstehen gewöhnlich dann die größten Schwierigkeiten, wenn eine mehrschichtige Wandkonstruktion an ihrer Außenseite eine Dampfsperre hat und aus vorher festgesetzten Materialien aufgebaut werden soll. Leider gelten auch hier bestimmte physikalische Gesetze, die mit Rücksicht auf die Anforderungen eingehalten werden müssen.

Thermo-mechanische Eigenschaften von Außenputzen

Außenwände werden heute mehr und mehr aus Baustoffen mit hoher Wärmedämmung oder mit Anordnung außenseitiger Dämmschichten errichtet. Für Außenputze führt dies zu veränderten Anforderungen gegenüber den Verhältnissen in der Vergangenheit als hauptsächlich massives Mauerwerk verwendet wurde. Für diese Putzgründe waren die konventionell entwickelten Außenputze geeignet.

Verschiedene Probleme treten in Verbindung mit hochdämmendem Mauerwerk bzw. Dämmschichten auf. Die hohe Wärmedämmung führt bei Besonnung zu einem Wärmestau. Das bedeutet für den Außenputz eine größere thermische Beanspruchung als bei konventionellem Mauerwerk (größere und raschere Tempe-

raturschwankungen). Hierdurch treten im Außenputz große thermische Spannungen auf, die zu Rissen führen können. Kritisch sind jeweils die in den Abkühlungsphasen auftretenden Zugspannungen, da die Zugfestigkeit von Außenputzen mit mineralischen und organischen Bindemitteln allgemein geringer ist als die Druckfestigkeit.

Als wesentliche Kennwerte für die Beurteilung der auftretenden Spannungen bzw. die Gefahr der Rißbildung bei Putzen infolge von Temperaturänderungen (thermo-mechanische Eigenschaften) sind anzusehen:
- Wärmedehnkoeffizient
- Elastizitätsmodul
- Zugfestigkeit.

Als zweite Beurteilungsgröße ist die Zugfestigkeit zu betrachten. Je größer die Zugfestigkeit, desto geringer die Gefahr, daß sie durch thermische Spannungen überschritten wird und Putzrisse entstehen. Zur Erhöhung der Zugfestigkeit wird in Putze auf hochdämmenden Untergründen häufig ein Armierungsgewebe eingelegt.

Die Abhängigkeit des Verformungsverhaltens von der Temperatur und der relativen Luftfeuchtigkeit, die eine bestimmte Sorptionsfeuchte zur Folge hat, kann je nach der vorliegenden Bindemittelart der Putze groß sein. Messungen bei +20° und −20° sowie bei 50% und 90% relativer Feuchtigkeit ergaben Unterschiede des E-Moduls um den Faktor 2-10. Der E-Modul ist um so größer, je niedriger die Temperatur bzw. die Luftfeuchte ist.

Eingehende Untersuchungen werden notwendig sein, um die sehr komplexen Zusammenhänge des thermo-mechanischen Verhaltens von Putzen im Rahmen der Erfordernisse der Praxis quantifizieren zu können. Dies erscheint im Hinblick auf die heutige Bausituation mit zunehmender Anwendung hochwärmedämmender Außenwände sowohl zur Bewertung als auch zur weiteren Optimierung von Außenputzen erforderlich.

Wärmebrücken – Definition und Auswirkungen

Definition der Wärmebrücken

Wärmebrücken sind örtlich begrenzte Bereiche von Baukonstruktionen, an deren Innenoberfläche gegenüber den angrenzenden Bereichen infolge verstärkter Wärmeleitung niedrigere Temperaturen auftreten. Man versteht darunter Stellen der Gebäudehülle, die materialbedingt einen kleineren Wärmedurchlaßwiderstand aufweisen als die benachbarten Wand- und Deckenteile. Sie besitzen demnach auch tiefere raumseitige Oberflächentemperaturen und bewirken einen größeren lokalen Wärmeabfluß.

Je wärmedämmender die Wand- und Deckenteile ausgebildet werden, desto größer ist der relative Einfluß der Wärmebrücken. Es ist dann ganz besonders wichtig, solche Wärmebrücken zu vermeiden und ihren Einfluß auf die Konstruktion abzuschätzen.

Materialbedingte Wärmebrücken sind Bereiche in Wand- und Deckenkonstruktionen mit Stoffen größerer Wärmeleitfähigkeit als in der Umgebung. Geometrisch bedingte Wärmebrücken sind Bereiche in Wand- und Deckenkonstruktionen, wo eine kleine, dem Innenraum zugekehrte Erwärmungsfläche einer größeren an die Außenluft grenzenden Abkühlungsfläche gegenübersteht (siehe Darstellung).

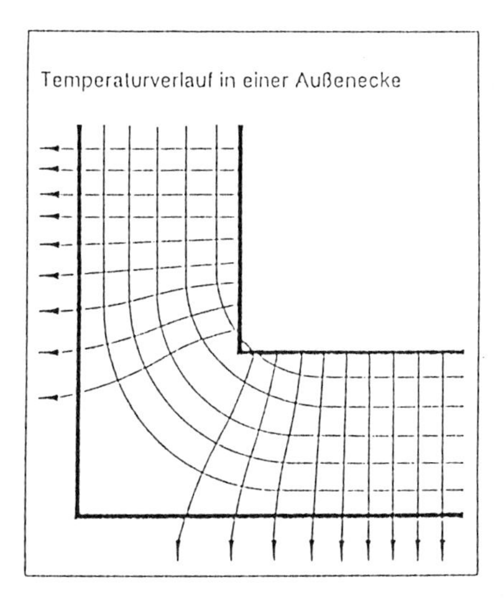

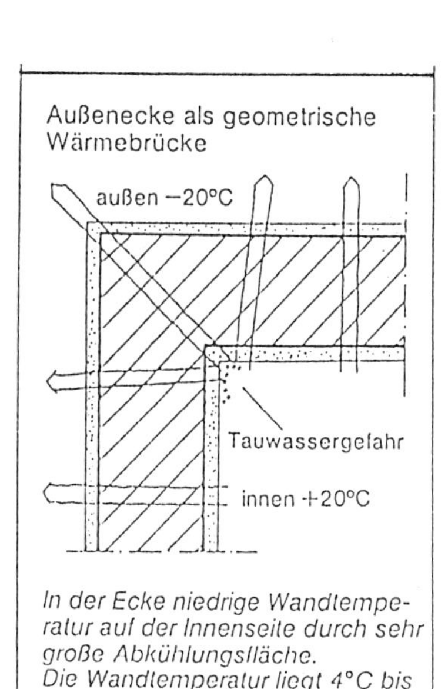

In der Ecke niedrige Wandtemperatur auf der Innenseite durch sehr große Abkühlungsfläche. Die Wandtemperatur liegt 4°C bis 5°C unter den Werten der geraden Wand. Tauwassergefahr!

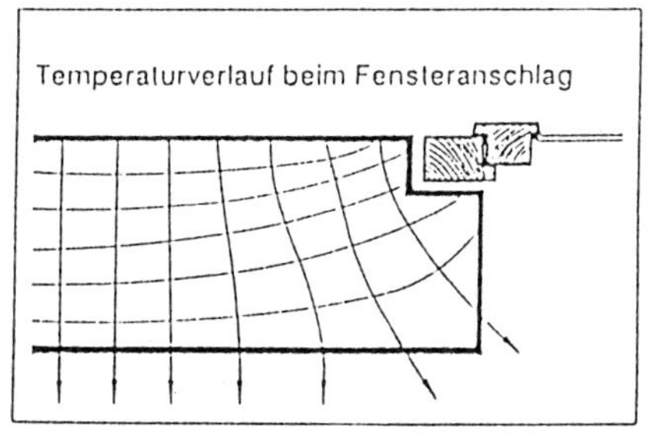

Geometrisch bedingte Wärmebrücken sind z.B. Außenecken, einbindende Trennwände und Fensteranschläge. Längs dieser Ecklinien ist der Wärmefluß erhöht, und die Oberflächentemperaturen liegen niedriger als beim normalen Wandquerschnitt.

Günstig auf die Oberflächentemperaturen geometrisch bedinger Wärmebrücken wirken sich aus:

- Sonnenstrahlung auf die Außenbauteile
- geringe Nachtabsenkung der Heizung
- gute Wärmedämmung der Außenflächen.

Ungünstig auf die Oberflächentemperaturen und die Möglichkeit von Staubablagerungen sowie Kondensatausscheidungen wirken sich aus:

- große Nachtabsenkung und schlechte Wärmedämmung
- Behinderung der Luftzirkulation in Raumecken durch Vorhänge und Möbel
- hohe Raumluftfeuchtigkeit und fehlende Sonneneinstrahlung auf Außenflächen.

Außenecken von Außenbauteilen mit gleichem stofflichen Aufbau gelten im Sinne der DIN 4108 zwar nicht als Wärmebrücken, es wird jedoch empfohlen, in diesen Bereichen über die DIN-Werte hinausgehende Wärmedämmungen vorzusehen. Ohne zusätzliche Wärmedämmung im Außeneckbereich kommt es zu einem erhöhten Wärmeabfluß, weil einer relativ kleinen, wärmeaufnehmenden Fläche an der Innenseite eine sehr viel größere wärmeabgebende Fläche an der Wandaußenseite gegenübersteht.

Solche geometrischen Wärmebrücken führen auch bei Einhaltung der Mindestwärmedämmung nach DIN 4108 im Winter zu einer Temperaturabsenkung im Eckbereich. Dies kann zu einer verstärkten Bildung von Oberflächenkondensat im Eckbereich führen, was Stockflecken und Schwärzepilzbildung zur Folge haben kann.

Diese Erscheinung betrifft insbesondere Räume, die nicht gleichbleibend beheizt sind und daher stärkeren Temperatur- und Feuchtigkeitsschwankungen unterliegen. Zahlreiche Schadensfälle haben gezeigt, daß der Planer nicht immer von dem Raumklima ausgehen kann, das bei den in der Norm DIN 4108 festgelegten Anforderungen vorausgesetzt wurde. Durch Nutzergewohnheiten muß mit niedrigeren Temperaturen und höheren Luftfeuchtigkeiten gerechnet werden. Als Beispiel sind Schlafzimmer genannt, bei denen in vielen Fällen im Winter nachts die Heizung gedrosselt oder abgestellt wird. Bei stark absinkenden Raumtemperaturen können dann relative Luftfeuchtigkeiten von 70% und mehr auftreten, die zu Tauwasserniederschlag auf den kühlen Bereichen der Innenoberflächen führen können.

Die Wärmebrückenwirkung kann einmal durch Störung der parallelen Anordnung von Baustoffschichten durch örtlichen Einbau von Bauteilen mit unterschiedlichen Wärmedurchlaßwiderständen entstehen, andererseits kann sich auch ein stofflich ungestörtes Gebilde aufgrund seiner Geometrie als Wärmebrücke erweisen.

Beruht die Wärmebrückenwirkung auf der Verwendung wärmeschutztechnisch unterschiedlich wirkender Baustoffe, so spricht man von einer stofflichen Wärmebrücke, z.B. bei einer Stahl- oder Stahlbetonstütze oder einem Fenstersturz aus Stahlbeton in einer gemauerten Wand.

Wird die Wärmebrücke hingegen durch die Formgebung bestimmt, so handelt es sich um eine geometrische Wärmebrücke, z.B. bei Gebäudeaußenecken oder der Auskragung einer Stahlbetonplatte aus einer gemauerten Außenwand bei Balkonen und Loggien. Im Bauwerk werden sich in vielen Fällen beide Einflüsse überlagern.

Weiterhin sollte berücksichtigt werden, daß z. B. Schränke, die vor Außenwänden aufgestellt werden, wie eine Innendämmung wirken, was ein starkes Absinken der Oberflächentemperatur auf der Innenseite der Außenwand zur Folge hat. Das kann

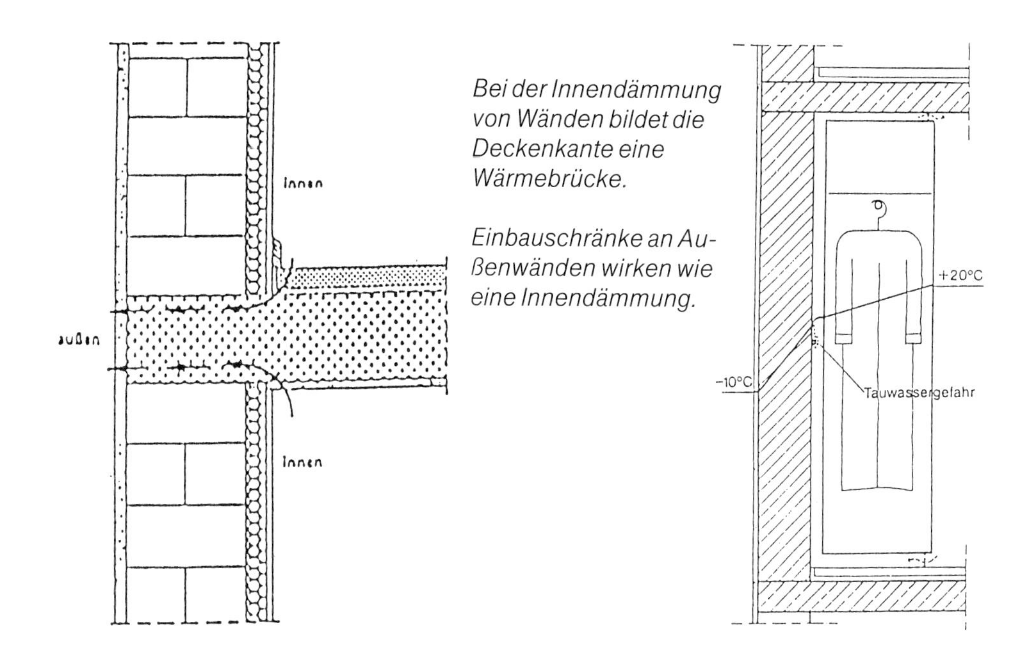

Bei der Innendämmung von Wänden bildet die Deckenkante eine Wärmebrücke.

Einbauschränke an Außenwänden wirken wie eine Innendämmung.

zu Tauwasserniederschlag auf der Wandfläche führen. Hierbei handelt es sich nicht um eine Wärmebrücke. Die Erklärung folgt aus der Tatsache, daß Wärme nicht nur senkrecht zur Wand nach außen, sondern auch in Wandrichtung zu kühleren Zonen abfließt.

Bei relativ gering gedämmten Wänden werden die Wärmebrücken von den seitlich angrenzenden Bauteilen erwärmt, die Temperatur der Innenwandoberflächen der Wärmebrücke bleibt verhältnismäßig hoch. Bei hochgedämmten angrenzenden Bauteilen verringert sich diese Erwärmung, die Oberflächentemperatur der Wärmebrücke sinkt ab, es kann auf der inneren Oberfläche zur Tauwasserkondensation kommen.

Verstärkt wird diese Erscheinung durch die Verwendung energiesparender, fugendichter Fenster. Wegen der damit verbundenen geringeren Luftwechselzahl steigt die Luftfeuchtigkeit in den Räumen an, und damit wächst auch die Gefahr von Tauwasserausfall auf den relativ kühlen Oberflächen von Wärmebrücken. Hinzu kommt, daß die Räume, um Heizkosten zu sparen, zu wenig belüftet und sparsamer als früher beheizt werden, so daß zumindest zeitweise die Luftfeuchtigkeit der Räume steigt und höher ist als den Regelungen der DIN 4108 zugrundeliegt.

Es ist darauf hinzuweisen, daß Tauwasserprobleme aus Wärmebrücken nicht ausschließlich durch Verbesserung der Wärmedämmung zu lösen sind. Als weitere Maßnahme sind ausreichende Beheizung zur Herabsetzung der relativen Luftfeuchtigkeit und ausreichende Belüftung zur Abführung der Luftfeuchtigkeit unumgänglich.

Wandtemperatur in den Raumecken

Beim Wärmedurchgang durch eine ebene Wand oder Decke steht jeweils der wärmeaufnehmenden Oberfläche eine ihr gegenüberliegende gleichgroße wärmeabgebende Fläche gegenüber. Dies trifft bei einer Ecke aus zwei oder drei zusammenstoßenden aufeinander senkrecht stehenden Wand- bzw. Deckenflächen nicht zu. Hier tritt anstelle der wärmeaufnehmenden Fläche eine Linie oder gar nur ein Punkt, wo Wärmeabgabe auf der kalten Seite auf einer Fläche endlicher

Ausdehnung erfolgt. Aus diesem Grunde liegt die Oberflächentemperatur von Außenwänden in Raumecken stets niedriger als auf den freien Wandflächen. Ferner kommt noch hinzu, daß in den Ecken die Wärmeübergangsverhältnisse zwischen Raumluft und Wandoberfläche wegen der dort geringeren Luftbewegungen ungünstiger sind als auf der übrigen Wandfläche.

In den Ecken liegt die Oberflächentemperatur um ca. 5–6° niedriger als auf den freien Wandflächen. Das kann bei wärmeschutztechnisch nach DIN 4108 ausreichend bemessenen Wänden bei ungünstigem Wohnbetrieb (wenig Lüftung, großer Wasserdampfanfall) zu Tauwasserbildung in den Raumecken führen, auch wenn die freien Wandflächen bei derselben Belastung solche Erscheinungen nicht aufzeigen.

An Ecken und Kanten von Außenbauteilen treten, wie erwähnt, Verzerrungen des Wärmestroms auf, die zu niedrigeren Temperaturen an diesen Stellen führen. Die wichtigste Erkenntnis aus diesen Ausführungen ist, daß bei Ecken, im Gegensatz zu den Verhältnissen bei ebenen Wänden, nicht gleichgültig ist, ob diese auf der Innen- oder Außenseite zusätzlich gedämmt werden. Die Wärmedurchlässigkeit einer Ecke wird durch Anbringen einer Wärmedämmschicht auf der Innenseite stärker vermindert als durch Anbringen einer gleichen Dämmschicht auf der Außenseite.

Die Oberflächentemperatur ist abhängig von der Ausbildung, der Geometrie und den Materialien der Eckkonstruktion und der Lufttemperatur zu beiden Seiten der Ecke. Welche Lufttemperaturen und welche Raumluftfeuchte als Beurteilungskriterien gewählt werden, hängt von der klimatischen Lage des Gebäudes und der Nutzung der Räume ab.

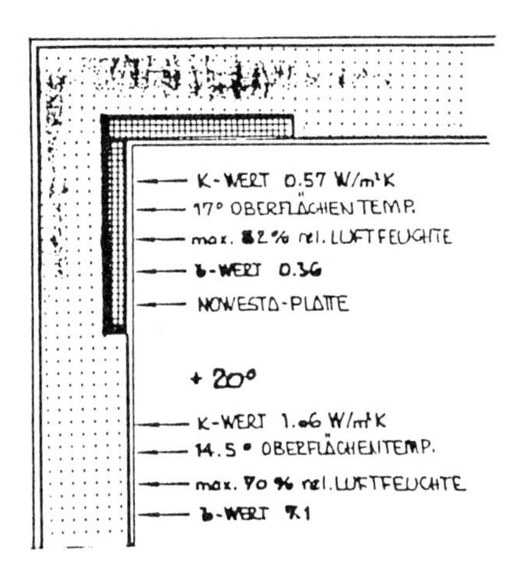

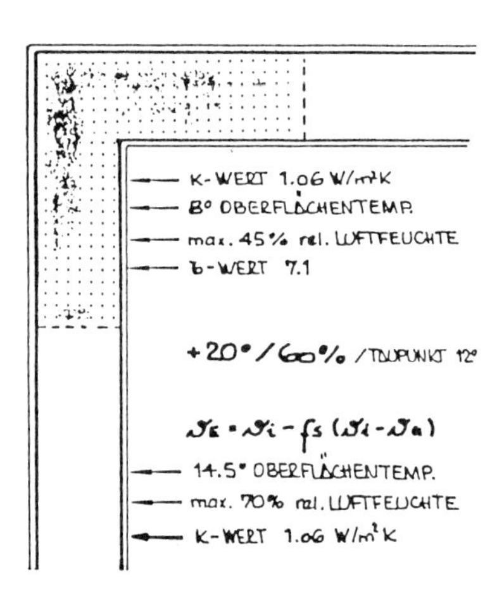

Die wärmetechnische Gestaltung der Gebäudeecke 2 zeigt gegenüber der normalen Mauerwerksecke 1 folgende Vorteile auf:

	k-Wert	Oberfl.-Temperatur	% max. rel. Luftfeuchte
norm. Wandfläche	1,06 W/qmK	14,5°	70%
norm. Ecke	1,06 W/qmK	8,0°	45%
gedämmte Ecke	0,57 W/qmK	17,0°	82%

Aufgrund der deutlich höheren Oberflächentemperatur der gedämmten Ecke kann auch die maximale relative Luftfeuchtigkeit erheblich ansteigen. An der wärmetechnisch so gestalteten Ecke mit ihren gegenüber der Wandfläche weit höheren Werten wird es daher auch zu keiner Kondensatbildung mit Schwärzepilzbefall kommen.

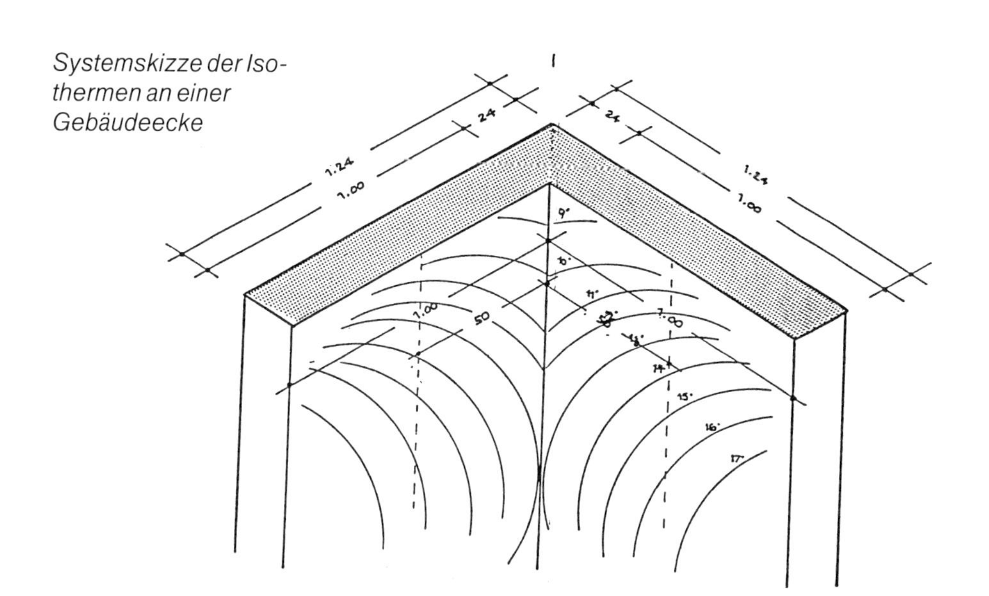

Systemskizze der Isothermen an einer Gebäudeecke

Auswirkungen einer Wärmebrücke

Sinkt die innere Oberflächentemperatur der Wand unter die Taupunkttemperatur der Raumluft, so bildet sich Tauwasser. Dieses Tauwasser kann örtlich begrenzte Durchfeuchtungen hervorrufen, zu Schimmelpilzbildungen führen und Wandbereiche über Staubablagerungen markieren.

Ein Teil dieser Auswirkungen kann noch wesentlich von der Art der Beheizung, Anordnung der Gardinen und des Mobiliars, von der Art und Weise der Lüftung usw. beeinflußt werden, das heißt im Einzelfall abgeschwächt, im ungünstigen Fall noch verstärkt werden.

Die wärmeschutztechnischen Anforderungen an Bauteile sind in der DIN 4108 und den ergänzenden Bestimmungen zur DIN 4108 sowie der Wärmeschutzverordnung enthalten. In dieser Norm und Verordnung wird davon ausgegangen, daß bei einer durch zwei homogene Außenwände gebildeten Ecke Tauwasserbildung im allgemeinen nicht eintritt, wenn die Wände hinsichtlich des Wärmedurchlaßwiderstandes den gestellten Anforderungen genügen. Dies bedeutet, daß bei einer Raumlufttemperatur von 20° C und einer relativen Luftfeuchtigkeit von 50% die Ecke bis zu einer Außenlufttemperatur von –7° tauwasserfrei bleibt.

Bei normaler Nutzung und Lüftung nicht klimatisierter Räume nimmt die relative Luftfeuchtigkeit im Raum mit sinkenden Außentemperaturen ab; an kalten Tagen liegt sie im allgemeinen um 40%. Intervall-Heizen von Räumen (Heizen des Schlafzimmers durch zeitweiliges Öffnen der Türen) bewirkt wesentlich tiefere Oberflächentemperaturen auf Wänden und in Ecken. Von der Raummitte tritt im allgemeinen ein Temperaturgefälle zu den Außenwänden hin auf, so daß in deren Nähe die Lufttemperatur niedriger ist.

In Abweichung von der Aussage der DIN 4108 ist, in Kenntnis der physikalischen Einflüsse an einer Ecke, nicht einzusehen, warum deren wärmetechnische Ausbildung – im Hinblick auf die inneren Oberflächentemperaturen – nicht mindestens der der ungestörten Wandfläche entsprechen soll.

Schwärzepilzbildung

Schimmelbeläge

Schimmelbeläge interessieren deshalb, weil ihr Auftreten geradezu ein Kriterium dafür bildet, daß bauphysikalisch etwas nicht in Ordnung ist. Dies gilt für den Wohnungs- und Gewerbebau in vollem Maße und bedingt für Naßräume des Industriebaus. Dabei ist darauf hinzuweisen, daß nicht immer Mängel des Baukörpers die Ursache zu Schimmelbildungen sein müssen. Auch falsches Verhalten der Nutzer trägt oft dazu bei, daß Schimmelpilze gedeihen können.

Schimmelbeläge sind Mischkulturen, in denen sich auch Algen, Hefen, Stockflecke und Bakterien befinden, auf deren genauere Kenntnis hier verzichtet wird. Wegen seines entstellenden Aussehens besonders zu berücksichtigen ist der Schwärzeschimmel (aspergillus niger), der am häufigsten anzutreffen ist. Schimmel zersetzt nicht nur Anstriche und Tapeten, er macht sich auch durch den bekannten stockigen Geruch bemerkbar. Die Verbreitung von Sporen in einer von Schimmel befallenen Küche bewirkt den baldigen Verderb empfindlicher Lebensmittel.

Alle diese Mikroorganismen finden bei ihrem geringen Nahrungsbedarf immer genügend organische Stoffe vor, von denen sie leben können. Das können Papiertapeten, Tapetenkleister und auch organisch verzehrbare Anstriche mit ihren Weichmachern, Vernetzungsmitteln und Füllstoffen sein. Aber auch wenn es diese nicht gäbe, genügt schon Staub mit geringen Anteilen an organischen Substanzen, um ganze Schimmelkolonien zu ernähren. Außer der Nahrung selbst benötigen sie aber alle ein bestimmtes Maß an Feuchtigkeit. Dies ist der Faktor, der bei der Bekämpfung von Schimmelbelägen in erster Linie zu beachten ist.

Oft ist die Bildung von Schimmelbelägen nur auf ein falsches Verhalten der Wohnungsnutzer zurückzuführen, das sich besonders in Küchen, Bädern und Schlafräumen der Wohnung negativ auswirkt. Falsches und richtiges Verhalten sind in der folgenden Tabelle kurz zusammengefaßt.

Falsches Verhalten	Richtiges Verhalten
Beheizte und unbeheizte Räume werden durch offene Türen miteinander verbunden. Die kalten Räume werden von den warmen her »temperiert«.	Das »Temperieren« fördert Schimmelbildungen. Warme und kalte Räume sind gegeneinander abzuschotten, oder die kälteren sind schwach zu beheizen.
Dauerlüften – die Fenster werden langzeitig offen gehalten, etwa um Schimmel zu beseitigen.	Die eindringende Kaltluft drängt die warme Raumluft an die Decke. Besser: Alle 2–3 Stunden querlüften, dann Fenster schließen.
Fenster werden zu wenig geöffnet (berufstätige Ehepaare!) und auch abends wird zu kurz gelüftet.	Stagnierende Luft begünstigt Feuchtigkeitsfilme, verzögert deren Verdunstung, fördert Schimmelbildungen. Mehr lüften!
Möbel werden dicht an die Wände gestellt – dahinter entsteht Schimmel.	Möbel 50 mm von der Wand entfernt halten, Ecken nicht verstellen.
In der Küche wird mit Stadtgas gekocht, ein Heizgerät ist nicht vorhanden oder nicht in Betrieb. Küche wird durch den Gasbratofen erwärmt.	Stadtgas enthält über 50% Wasser! – Die Küche muß warme Wandflächen haben und zusätzlich im Winter beheizt werden, aber nicht durch den Gasbratofen!
Die Fensterleibungen werden mit dikken Vorhängen dekoriert, es bilden sich Schimmelbeläge.	Fensterleibungen sind kalt und müssen durch die Raumluft erwärmt werden können. Vorhänge so mit Abstand anbringen, daß Luft einströmen und oben auch abziehen kann.
Vorhandener Schimmel wird beseitigt, danach wird mit Dispersionsfarben auf Wasserbasis gestrichen, der Schimmel kommt wieder.	Befallene Flächen mehrfach fluatieren, dann mit wasserfreier Farbe streichen. Raum gut heizen und wiederholt lüften.

In neuerer Zeit neigen Gerichte dazu, Feuchteschäden in Wohnungen durch Tauwasserbildung an den Oberflächen vorwiegend Architekten und Bauherren bzw. dem Vermieter anzulasten, hingegen an das vernünftige Verhalten der Bewohner und Nutzer keine besonderen Ansprüche zu stellen. Voreilig und schnell wird dann nach einem Schuldigen gesucht. Entweder der Architekt oder die Handwerker haben etwas falsch gemacht, oder der Vermieter hat ›billig gebaut‹. Die andere Seite sieht natürlich auch sehr schnell einen Schuldigen: es wird nicht mehr genügend gelüftet aus Gründen der Energieeinsparung. In den meisten Fällen ist es auch sehr schwierig, dem Wohnungsinhaber diese bauphysikalischen Verhältnisse klarzumachen, insbesondere deshalb, weil wir mit unseren heutigen Technologien andere bauphysikalische Gesetze geschaffen haben.

Durch die Häufigkeit der Lüftung, durch die Intensität der Beheizung, besonders aber durch die Art und Weise der Raumnutzung können die Bewohner auf das

Raumklima einwirken. Wird ein Raum ungenügend beheizt und wenig belüftet, ist mit hohen Raumluftfeuchten und Tauwasserniederschlag auf den raumseitigen Oberflächen zu rechnen. Auch das Erwärmen der Schlafzimmer durch Offenlassen der Türen führt zu einer Kondensation des Wasserdampfes auf den Innenflächen der Außenwände.

Solchen durch Unkenntnis hervorgerufenen physikalischen Belastungen ist auf Dauer keine Wandkonstruktion gewachsen. Wie Untersuchungen zeigten, kommen über 60% der Feuchteschäden durch falsches Bewohnen zustande.

Intermittierendes Heizen ist die Bezeichnung für eine Heizmethode, mit der nur dann in den Wohn- und Aufenthaltsräumen behagliche Temperaturen hergestellt werden, wenn diese Räume auch tatsächlich genutzt werden. So ist es durchaus üblich, die Schlafzimmertemperatur stark abfallen zu lassen, um ›kalt‹ zu schlafen. Kurz vor dem Schlafengehen wird noch schnell die Tür geöffnet, um wenigstens ein paar Plus-Grade über die Betten streichen zu lassen. Dadurch wird dem Tauwasserniederschlag Vorschub geleistet. Einzelne Zimmer von der Beheizung auszuschließen ist ebenso falsch wie viel zu lüften und dann am Abend die Fenster zu schließen.

Bei Untersuchungen sowie bei Messungen und Beobachtungen ergab sich, daß Schimmelpilzwachstum nur zu verzeichnen ist, wenn mindestens über eine Periode von drei Tagen Tauwasserbildung an der Bauteiloberfläche auftritt. Ferner ist aus Untersuchungen bekannt, daß sich aufgrund der Wärmespeicherfähigkeit der Bauteile plötzliche Kälteperioden erst nach zwei Tagen allmählich auf der Bauteilinnenseite bemerkbar machen. Daher sind Außentemperaturperioden, die eine Innenoberflächentemperatur unterhalb der Taupunkttemperatur der Raumluft verursachen, von mindestens fünf Tagen zur Ausbreitung von Schimmelpilz notwendig. Ideale Verhältnisse zur Bildung von Wandschimmelbelägen liegen erst bei relativ hohen Innentemperaturen (größer als + 12°) vor.

Bevorzugt vom Pilzbefall sind Räumlichkeiten mit sogenannten Wärmebrücken und/oder einem erhöhten Luftfeuchtigkeitsaufkommen. Das Überkleben von befallenen Flächen, z.B. mit einer Thermotapete, bringt keinesfalls den erwünschten Erfolg einer dauerhaften Beseitigung. Der Gedankengang, durch Dämmung die inneren Oberflächentemperaturen zu erhöhen, ist zwar richtig, aber das Material, in der Regel Stärken um 3–5 mm, kann diese Aufgabe nicht erfüllen. Sehr oft bekommt der Geschädigte, der sich hilfesuchend an seinen Hauseigentümer, seinen Architekten oder an die Baugesellschaft wendet, die lapidare Empfehlung mit auf den Weg, er müsse mehr lüften. Diese Antwort der um Rat Gefragten deutet an, daß bauphysikalischen Überlegungen dabei kein Raum gegeben wurde.

Ohne Zweifel ist eine gute Durchlüftung wichtig und in einem gepflegten Haushalt selbstverständlich. Doch reichliche Belüftung allein beseitigt die Schadensursache nicht, sie kann sie bestenfalls mindern. Der Faktor Lüftung nimmt in der Zweierkonstellation »konstruktive Gegebenheiten« und »bauphysikalische Belastung« den geringsten Raum ein, wie die Praxis bestätigt.

Abgesehen von Feuchteschäden, die auf unzulässig niedere Werte des Wärmedurchlaßwiderstandes der Bauteile oder auf Wärmebrücken zurückzuführen sind, können bei der Mehrzahl dieser Art von Feuchteschäden folgende Beobachtungen gemacht werden:

- Die Feuchteschäden treten bevorzugt in wenig oder überhaupt nicht beheizten Schlafräumen sowie Bädern und Küchen auf.
- Die bevorzugten Stellen sind der Stoß von zwei Außenwänden (Innenecken) sowie Außenwandflächen hinter Möbeln und den Übergangsbereichen von der Decke zur Wand und vom Fußboden zur Wand.
- Die Schäden treten hauptsächlich in der naßkalten Jahreszeit und selten bei Außentemperaturen unter 0°C auf.

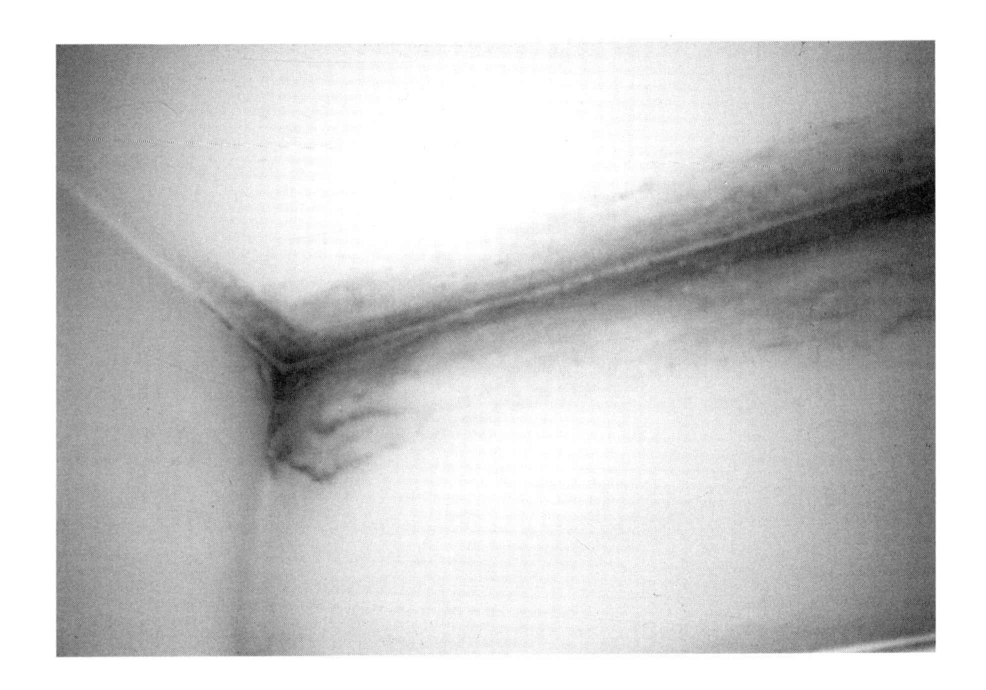

Die Feuchtigkeitsaufnahme der Innenoberflächen des Raumes aus der Luft erfolgt durch Adsorption an den Oberflächen und Kapillarkondensation in den Poren des Materials und hängt somit von der Beschaffenheit – insbesondere der Kapillarstruktur – der oberflächennahen Stoffe ab. Versiegelte Parkettböden, PVC-Beläge, textile sowie keramische Wand- und Bodenbeläge, kunststoffbeschichtete Möbel und dünne Beschichtungen (Spritzputz) von Massivdecken sind nicht mehr in der Lage, erhöhte Luftfeuchtigkeiten zu speichern.

Die wärme- und feuchtigkeitstechnische Bemessung aller Bau- und Gebäudeteile hat sich stets nach dem ungünstigsten Fall zu richten, da bei der Planung und Erstellung eines Gebäudes weder die Bewohner noch deren Gewohnheiten über alle Zeiten hinweg bekannt sind und auch bezüglich der Einrichtung, Ausstattung und Nutzung der Räume heute größtmögliche Variabilität gewährleistet sein muß. Aus diesem Grund entscheiden oft auch geringe Abweichungen in den Wohngepflogenheiten der Bewohner bei gleich ausgeführten Wohnungen, ob Tauwasserniederschläge und damit Schäden auftreten oder nicht.

Voraussetzungen für einen Pilzbefall

Für die Entstehung eines Pilzbefalls sind im wesentlichen zwei Faktoren maßgebend:

- die vorhandenen konstruktiven Gegebenheiten eines Bauteils in bezug auf seinen Wärme- und Feuchtigkeitshaushalt
- die physikalischen Belastungen der Räumlichkeiten in Form von Temperatur und relativer Luftfeuchtigkeit, die in einer engen Wechselbeziehung zueinander stehen.

Das Lebensmilieu dieser Organismen ist also temperatur- und feuchtigkeitsbedingt. Legt man befallene Decken- und Wandflächen trocken, so wird das Wachstum der Keime zwar aufhören, die Infektion jedoch bleibt bestehen.

Der einfache Wand- oder Deckenanstrich mit sogenannten fungiziden (pilztötenden) Stoffen genügt nicht. Die Bindemittel solcher Anstriche sind oft organische Stoffe, die zugleich den Nährboden für die Keime bilden. Auch wird das Wachstum der Keime unter dem Anstrich nicht behindert. Aus diesem Grund ist zunächst eine wirksame Untergrundbehandlung zwingend notwendig. Die Praxis bestätigt, daß mit fungiziden Anstrichen versehene ehemalige Befallstellen nach etwa einem halben Jahr erneut durch Pilzkolonien bevölkert werden.

Ein Pilzbefall gliedert sich in drei Keimgruppen:
- Algen (bis jetzt sind 11 Arten bekannt)
- Bakterien (bis jetzt sind 29 Arten bekannt)
- Pilz- und Hefestämme (bis jetzt sind 20 Arten bekannt)

Auswirkungen eines Pilzbefalls

Der biologische Angriff ist oft auch mit chemischen Prozessen auf verschiedenen Baustoffen verbunden. In manchen Fällen sind Baustoffe Nährböden für Keime, die dann wieder indirekt für den Menschen schädlich sein können. Meist sind es dann nicht die Keime selbst, sondern die von ihnen erzeugten Giftstoffe.

Im Hinblick auf mineralische Baustoffe ist der biologische Angriff in der Regel nicht sehr gravierend. Es erfolgt keine Zerstörung der Substanz des Baustoffes. Keime sind jedoch ein Risiko für Holz, die Bindeharze der Farben, manche Kunststoffe, organische Dichtstoffe, Kitte und Tapetenkleber, das heißt für alle organischen Substanzen, die feucht werden können und Wasser quellend aufnehmen. Ähnlichen Angriffen sind auch die Bindeharze der Dispersionskleber ausgesetzt.

Das Institut für Bakteriologie der Bundesanstalt Kulmbach stellt das große hygienische Problem und die nicht zu unterschätzende Infektionsquelle solcher Erscheinungen heraus. Mit diesen Feststellungen ist das Problem zum großen Teil bereits umrissen. Hinzuzufügen ist, daß es sich hier nicht allein um den Schutz vor Schimmelpilzkeimen handeln muß, sondern ebenso auch vor einer Vielzahl von Bakterien. Die an Decken und Wänden wachsenden Pilze und Bakterienkulturen geben ihre Keime an die Raumluft ab und gelangen so auch auf Lebensmittel, die damit infiziert und vergiftet werden können.

Der Schimmelpilz (aspergillus flavus niger) galt bislang als ungefährlich, stellt aber offenbar doch eine hohe, wenn auch nicht immer offen in das Bewußtsein tretende Gefahr dar. Neuere Erkenntnisse darüber sowie Feststellungen in England und der Sowjetunion zum Thema »Gefahr durch Schimmelpilze« messen dieser Erscheinung große Bedeutung bei.

Das zunächst nur optisch unangenehme Erscheinungsbild zieht bald Geruchsbelästigung, verquollenes/verworfenes Mobiliar und Tapetenablösungen und sogar Tropfenbildung auf Wand- und Deckenflächen nach sich. Darüber hinaus erfolgt eine langsame, aber stetige Ausweitung der Pilzkolonien infolge von Feuchtigkeitsanreicherungen im Kapillargefüge von Putz und Mauerwerk, verbunden mit einer dadurch bedingten Verringerung der Wärmedämmung der Bauteile. Niedrigere innere Bauteil-Oberflächentemperaturen sind die Folge.

Der Prozeß des Feuchtigkeitsniederschlages auf einem Bauteil dauert so lange an, wie die Faktoren Raumtemperatur, Bauteil-Oberflächentemperatur und relative Luftfeuchtigkeit ihre ungünstige Konstellation zueinander beibehalten. Dieser progressive Vorgang läßt sich nur stoppen durch:
- konstruktive Maßnahmen, z. B. Erhöhung der inneren Bauteil-Oberflächentemperatur durch geeignete Dämmaßnahmen
  oder

– Änderung der physikalischen Belastung der geschädigten Räume, z. B. Absenkung der Raumtemperaturen oder relativen Luftfeuchtigkeiten.

Sanierungsmaßnahmen

Bevor Maßnahmen zur Beseitigung solcher Schäden eingeleitet werden, muß eine exakte Untersuchung der örtlichen Verhältnisse vorgenommen werden. Eine solche Untersuchung umfaßt u. a. folgende Bereiche:
- Feststellung über Material und Stärke der Wand und/oder Deckenkonstruktionen im Hinblick auf ihren Wärmehaushalt
- Messungen von Bauteil-Oberflächentemperaturen
- Feststellungen von Raumtemperatur- und Luftfeuchtigkeitsverhältnissen
- Feststellung der Feuchtigkeitsbelastung von Putz und Mauerwerk

mit speziellen Meßgeräten. Sicher ist nicht immer ein so umfangreicher Aufwand zur Ursachenermittlung notwendig, er hängt von den Gegebenheiten des Einzelfalles ab. Doch erst nach Feststellung und Auswertung der vorgenannten Meßergebnisse können weitere Aussagen über Sanierungsmaßnahmen gemacht werden.

Die Pilzkeime sind schwer abzutöten, eher schon am weiteren Wachstum zu hindern. Nur die Abtötung der Keime gewährt jedoch den notwendigen Schutz. Die Sporen der Pilze sind gegenüber Chemikalien ungewöhnlich resistent. Bakterien dagegen sind weit schneller und besser abzutöten als Pilzkeime, z. B. durch Metallsalze (Kupfer, Silber, Quecksilbersalze).

Für die Abtötung von Pilzkeimen verwendete Chemikalien wie
- Kupfersulfate
- Pentachlorphenolate
- alkalische Phenolderviate
- Quecksilberverbindungen

sind giftig und für die Anwendung im Wohnbereich bedenklich. Von Bedeutung ist in diesem Zusammenhang ferner das Einbringen dieser Stoffe auf Putz und/oder Mauerwerk, dazu deren Konzentration und die Löslichkeit in Trägermedien.

Kohlendioxid und Wasserdampf

Der Mensch atmet pro Stunde ca. 22,5 l CO_2-Gas aus. Da mit steigendem CO_2-Gehalt Spannkraft und Wohlbefinden nachlassen, ist eine Erneuerung der Raumluft durch ständige oder durch Intervallüftung notwendig. Eine Luftwechselzahl von 0,5/Stunde wird heute von Medizinern als unterste Grenze für die Lüftung angesehen.

Die deutsche Norm DIN 4108 »Wärmeschutz im Hochbau« gibt keine Werte für Luftwechselraten an. Bei modernen, mit dichten Fenstern ausgerüsteten Bauten kann aber, wenn nicht zusätzlich gelüftet wird, mit Luftwechselraten von unter 0,2 gerechnet werden, das heißt, um die Anforderungen der Mediziner zu erfüllen, muß in jedem Fall zusätzlich gelüftet werden.

Ein regelmäßiger Luftwechsel ist erforderlich, um einem zu starken Anstieg der relativen Luftfeuchte in den Räumen vorzubeugen, denn der Mensch gibt je nach Tätigkeit in der Stunde 50–150 g Feuchte in Form von Wasserdampf an die umgebende Luft ab. Deswegen und auch zur Vermeidung gefährlicher CO_2-Anreicherungen werden von Hygienikern höhere Luftwechselraten, etwa 2–3, empfohlen.

Es läßt sich leicht nachrechnen, daß auch in gar nicht einmal kleinen Räumen schon nach wenigen Stunden die Sättigungsgrenze, nämlich 100% Luftfeuchte, erreicht wird, wenn keinerlei Lüftung erfolgt. Zur Kondensation an den kühleren Oberflächen der raumumschließenden Bauteile kommt es meist schon vorher.

Feuchteschäden durch falsche Möblierung

Die von der Einrichtungsindustrie propagierte großflächige Möblierung vom Fußboden bis zur Zimmerdecke, sei es als Schrankwand oder als Bettumbau, ist bauphysikalisch denkbar ungünstig, wirkt sie sich doch in jedem Falle wie eine zusätzlich innen aufgebrachte Wandschicht mit entsprechender Dämmwirkung aus.

Der Wärmedurchlaßwiderstand eines Schrankes kann mit ca. 0,4 qmK/W angesetzt werden. Der Temperaturverlauf innerhalb der Außenwand wird dadurch nachteilig geändert; die Temperatur der inneren Wandoberfläche fällt um einige Grade ab, womit die Kondensationsgefahr in diesem Bereich wächst (siehe folgende Darstellung).

Dieser ungünstige Effekt wird verstärkt, wenn die Luft zwischen dem Möbel und der Wand nicht mehr genug zirkulieren kann, weil der Zwischenraum zu klein ist und vielleicht zudem der Möbelsockel durch Leisten völlig abgedichtet ist.

Solche vollflächigen Möblierungen sollten möglichst nie an den Außenwänden erfolgen. Läßt sich das aus raumtechnischen Gründen nicht vermeiden, so muß auf einen genügend großen Abstand zwischen Möbel und Wand geachtet und sichergestellt werden, daß eine vertikale Luftzirkulation hinter dem Möbel möglich ist.

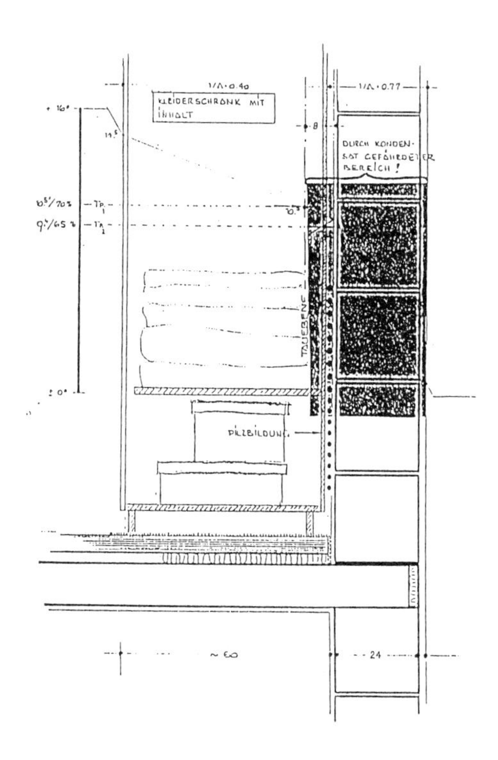

Raumhohe Fliesung ist nicht ratsam

Begnügte man sich früher schon aus Kostengründen, die Wände in den Feuchträumen höchstens 1,25 m hoch mit Fliesen zu versehen, so wird heute oft bis zur Decke gefliest. Die restlichen Wandflächen und die Decke werden entweder tapeziert oder mit strukturiertem Anstrich behandelt. Alle diese Flächen wirken selbst bei kontinuierlich beheizten Feuchträumen während der Inanspruchnahme als Kondensationsflächen, jedenfalls nicht mehr wie ein Putz als Feuchtepuffer. Die von den Fliesenbelägen später wieder verdunstende Feuchte gelangt über die Türen in die Wohnräume und belastet diese zusätzlich. Es empfiehlt sich also, auf unnötig hohe Verfliesung zu verzichten und die restlichen Wandflächen sowie die Decke nicht zu tapezieren oder mit dichtenden Anstrichen zu versehen.

Schimmelwidrige Anstriche

Mit schimmelwidrigen Anstrichen hat mein keine ausgesprochen guten Erfahrungen gemacht. Die Schwierigkeit beginnt schon mit der Feststellung, ob ein Anstrich schimmelwidrig ist oder nicht. Das Zumischen eines Pilzgiftes (Fungizids) allein genügt nicht; wie Insekten werden auch Kleinpilze gegen bestimmte Gifte allmählich resistent, so daß sie schließlich den schimmelwidrigen Anstrich selbst verspeisen.

Die Sporen des Schimmels befinden sich zudem ziemlich tief in der porösen Putzstruktur. Es ist nützlich, den Putz chemisch zu vergiften; dazu genügt schon ein mehrfaches Fluatieren. Auch ein Abflämmen kann erfolgreich sein. Bakterien im Schimmelrasen sterben schnell ab, aber die Schimmelkeime wachsen nach einiger Zeit, sofern sie alles überstehen konnten, wieder nach außen durch. Dazu verhilft ihnen der nächste Farbanstrich, der ihnen die unentbehrliche Feuchtigkeit und organische Nährsubstanz wieder zuführt.

Als Schimmelgifte werden außer Kupfer-, Silber- und Quecksilbersalzen vorzugsweise stärkere Gifte wie Pentachlorphenolate, alkalische Phenol- und Kresolderivate sowie Formaldehyd, Kupfersalze und Mischungen daraus eingesetzt. Eine gezielte Wirkung resultiert aber nur, wenn die Art des Schimmels klassifiziert und eine Giftkombination speziell für diese Art komponiert wird. Manche Experten warnen vor den chemischen Giften, weil sie eine selektive Wirkung ausüben und als Folge davon immer resistentere Schimmelarten entstehen lassen.

Stellt die Schimmelplage schon im Wohnungsbau ein Problem dar, so ist das noch viel mehr in der Industrie der Fall. In Bäckereien, Brauereien, Fleischereien, Molkereien, Marmeladen- und Konservenfabriken sowie in der Fruchtsaftherstellung sind Schimmelbildungen gefürchtet und aus hygienischen Gründen nicht zulässig.

Oft bilden sich Schimmelrasen nicht in den betreffenden Warm- oder Naßräumen selbst, weil sie gut gelüftet oder klimatisiert werden. Gefährdet sind vielmehr Vorräume, benachbarte Treppenhäuser mit kalten Wänden oder andere Nebenräume, um deren bauphysikalische Gestaltung man sich keine Gedanken gemacht hat, in die aber mangels fehlender ›Schleusen‹ nun warme oder warm-feuchte Luft aus den Naßräumen eindringen kann. Hier liegt ein Konstruktionsfehler vor. Alle Räume, in denen warme bis heiße Luft erzeugt wird, sind durch gelüftete und gedämmte Schleusenräume von den niedriger temperierten Nachbarräumen zu trennen.

Keramische Beläge aus Wandfliesen oder Spaltklinkern gelten als schimmelwidrige Untergründe, weil die gesinterten Materialien keinen kapillaren Feuchtigkeitsnachschub aus dem Untergrund zulassen. Feuchtefilme haften auf ihnen nicht und sind schnell verdunstet. Es gibt keine Staubansammlungen, und der anorganische Untergrund ernährt die Mikroorganismen nicht.

Kristalline Ausblühungen

Karbonate sind häßlich, aber nicht gefährlich

Chemische Baustoffschädigungen entstehen durch Gegenwart von Säuren oder löslichen Salzen. Die schädigende Wirkung der Säuren beruht darauf, daß sie Metalle in oft lösliche Salze überführen, die dann durch Feuchtigkeitseinfluß herausgelöst werden. Dadurch wird das Gefüge des Baustoffes gelockert.

Die schädigende Wirkung der Salze ist in der Hauptsache darauf zurückzuführen, daß sie bei aufsteigender Feuchtigkeit in Lösung gehen und bei späterer Austrocknung aus dieser Lösung unter chemischer Bindung eines oft sehr beträchtlichen Teiles Wasser, des sogenannten Kristallwassers, wieder auskristallisieren. Durch die Aufnahme des Kristallwassers ist eine Volumenvergrößerung der sich bildenden Kristalle bedingt, die den sogenannten Kristallisationsdruck hervorruft. Dieser wirkt sich um so schädigender aus, je stärker die Kristallwasseraufnahme ist und je öfter sich dieser Vorgang im Wechsel von Naß und Trocken wiederholt. Der Kristallisationsdruck wirkt somit treibend. Er zermürbt den Baustoff und führt zu Ausblühungen und Abplatzungen.

Da diese Kristallisation normalerweise nur an Bauteilen auftreten kann, die sich vorübergehend im trockenen Zustand befinden, können Bauteile, die dauernd feucht oder unter Wasser sind, nicht durch sie geschädigt werden.

Aber die Gegenwart löslicher Salze kann trotzdem auch dort schaden, indem diese mit Kalk wasserlösliche Verbindungen eingehen und dadurch allmählich das Bindemittel herauslösen. Dieser Entkalkungsvorgang kann sich im Gegensatz zur Kristallisation nur in Bauteilen abspielen, die sich dauernd oder längere Zeit in feuchtem Zustand befinden (z.B. auskragende Balkonplatten). Wenn auch die Schädigung dieser herauslösenden Wirkung bedeutend langsamer vor sich geht als der Angriff durch Auskristallisation, so kann er doch mit der Zeit auch zu erheblichen Zerstörungen führen.

Auch die Zerstörung von Anstrichen auf Putz, Mauerwerk und Beton durch Ausblühsalze erfolgt über die Bildung von Pusteln, die später in Ablösungen übergehen. Wenn das Wasser einer Salzlösung verdunstet, bilden sich aus den ursprünglich gelösten Salzen Kristalle. Poröse Baustoffe, deren Kapillaren eine Salzlösung enthalten, können daher an der Verdunstungsoberfläche einen Belag mit meist weißen Kristallen bilden, der als Ausblühung bezeichnet wird (fälschlicherweise sehr oft mit ›Mauersalpeter‹ verwechselt). Chemisch gesehen handelt es sich bei diesen Salzen meist um Sulfate, Chloride oder Nitrate.

Bei der Bildung der Salzkristalle an der Verdunstungsebene können auch Drücke erzeugt werden, weshalb Ausblühungen neben ihrem störenden Aussehen manchmal auch Absprengungen am Baustoff und Abplatzungen einer Beschichtung zur Folge haben können.

Beseitigung von Mauerausblühungen:

- Unterbindung der ursächlichen Mauerdurchfeuchtung, besonders durch Regenwasser und Bodenfeuchtigkeit.
- Aufbringen eines Verputzes, dessen Bindemittel aus einem hochwertigen Spezial-Portlandzement, einem sogenannten Antisulfatzement, besteht.

Mischmauerwerk und seine Folgen

Unter Mischmauerwerk verstehen wir zunächst den Zusammenbau von verschiedenen Werkstoffen in einer Wand, besonders der Außenwand. Man muß zwischen der gemauerten oder auf andere Weise errichteten Wand und der davorgesetzten Schale, der eigentlichen Fassade, unterscheiden. In beiden Fällen bedingt die Verwendung verschiedener Baustoffe eine ganze Reihe von Problemen und Risiken, weil diese Baustoffe teilweise ganz verschiedene physikalische Eigenschaften haben.

Risiken beim Mischmauerwerk

Fassen wir die Momente zusammen, die zu Risiken und später auch zu Schäden beim Mischmauerwerk führen können; da sind zunächst die sehr unterschiedlichen

- linearen thermischen Ausdehnungskoeffizienten
- das Wasseraufsaugvermögen und die Wasserretentionswerte
- die unterschiedlichen Quell- und Schwindwerte der verwendeten Baustoffe.

Bauwerke sind nur scheinbar in sich ruhende Gebilde. Tatsächlich werden ihre Teile durch Feuchtigkeit, Wärme, Last und andere Einflüsse mehr oder weniger in Unruhe und Bewegung gehalten.

Bei unbehinderter Bewegung entstehen weder Spannungen noch Zwängungen. Im Hochbau läßt es sich jedoch nicht vermeiden, daß Dehnungsbehinderungen auftreten, die zu Zwängungen führen.

Eine gegen Schlagregenangriffe ungenügend dimensionierte oder ausgebildete Außenwand wird durchfeuchten und bei Frosteinwirkung im Winter unter Umständen Schaden erleiden. Der Planer muß sich also auch mit den Fragen des Feuchtigkeits- und Wetterschutzes auseinandersetzen, sollen unangenehme Bauschäden vermieden werden.

Warum soll Mischmauerwerk vermieden werden?

Besonders in Außenwänden kommt es leider oft zu Schäden, wenn schichtweise oder gar durcheinander unterschiedliche Steinarten (z.B. Kalksand-, Ziegel-, Gasbeton-, Leichtbetonsteine) vermauert werden. Zunächst zeigen sich Risse in Mauerwerk und Putz, die leider oft später durch eindringende Feuchtigkeit und Frosteinwirkung zu schweren Schäden führen.

Betrachten wir Mauerwerksschäden, so müssen wir diese in zwei große Teilbereiche aufteilen:

Feuchtigkeitsbeanspruchung

- *Wasser und Wasserdampf*
- *Schlagregen und Austrocknung*

Der zweite Teilbereich in der Folge der Mauerwerksschäden wird verursacht durch Volumen- und Längenänderungen, durch Temperatureinwirkungen sowie durch Feuchtigkeitsaufnahme und -abgabe:

Thermisch-hygrische Verformung

- *Quellung und Schwindung*
- *Feuchtedehnung und Kriechen*

Zu beachten ist, daß nur gleichartiges Ziegel- oder Steinmaterial miteinander kombiniert wird, also nicht etwa Ziegel mit Kalksandsteinen oder diese mit Leichtbeton-Hohlblocksteinen gemeinsam vermauert werden.

Unterschiedliches Quell- und Schwindverhalten sowie verschiedenartige thermische Dehnungen führen hier mit Sicherheit zu Spannungen und im Ergebnis zu Rißbildungen. Durch die unterschiedliche Dichte weist ein derartiges Mischmauerwerk auch eine unterschiedliche Saugfähigkeit auf, wodurch Mängel im Außenputz fast unvermeidbar werden.

Während Quellen von Baustoffen im Hochbau keine große Rolle spielt, sind die übrigen Formänderungen jedoch besonders zu berücksichtigen. Viele Rißbildungen hätten vermieden werden können, wenn die einschlägigen Kenntnisse bei der Konstruktion und Ausschreibung der Bauteile vorhanden gewesen wären.

Streifenbildung durch eingelegte Dämmplatten an den Unterseiten von Stahlbetondecken entlang der Außenwände

Ursachen und physikalische Zusammenhänge

Die sehr häufig anzutreffende Streifenbildung an den Unterseiten der Stahlbetondecken, die sich entlang von Außenwänden in Putz, Anstrich und Tapete abzeichnen, sind oft ein großes Ärgernis. Dem wiederholten Versuch, diese Streifenbildung durch Isolier- oder Farbanstriche aus der Welt zu schaffen, folgt bald die Enttäuschung des Wiedersichtbarwerdens. Das gilt auch bei eventuell aufgebrachten »Thermotapeten«.

Unterschwellig wird vermutet, daß bei der Planung und/oder Ausführung dieses Bauteils Fehler gemacht wurden. Werden Architekt, Bauleiter oder Handwerker um Rat gefragt, sind die Antworten fast gleichlautend:

- in der Wohnung/im Raum würde zuviel geraucht oder
- das Luftfeuchtigkeitsaufkommen sei zu hoch oder
- die Wohnungs-/Raumbelüftung sei unzureichend.

Bezeichnenderweise tritt diese Erscheinung aber in Küchen ebenso wie in Schlaf- und Wohnräumen auf, und zwar unabhängig davon, ob viel oder gar nicht geraucht, viel oder wenig geheizt wird.

Auch die Art der Raum-/Wohnungsheizung ist für das Auftreten dieser Erscheinung völlig belanglos. Es ist ohne Einfluß, ob Heizkörper, Fußbodenheizung, Speicherheizung oder Ölöfen als Wärmequelle eines Raumes fungieren. Folglich müssen die Ursachen dafür im bauphysikalischen Bereich der Dach-/Decken-/Wandkonstruktion liegen. Entscheidende Faktoren dafür sind:

- der Wärmehaushalt des Bauteiles (k-Wert) in diesem Bereich
- die aus dem k-Wert resultierenden bzw. abhängigen inneren Oberflächentemperaturen der Deckenfläche in diesem Bereich
- die baustoffspezifische Wärmeeindringzahl »b«, der sogenannte b-Wert. Er gibt Auskunft über das Eindringen von Wärme in den Bauteil.

Damit erklärt sich auch, daß im »kühleren« Deckenbereich die staubigen Schwebstoffe der Raumatmosphäre eher abgelagert werden als in der wärmeren

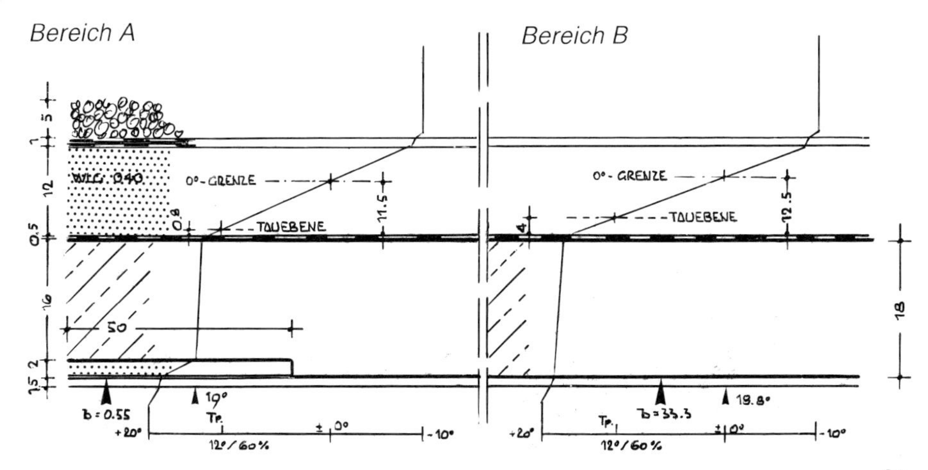

Randzone, die sich stets heller abzeichnet. Der im Randbereich eingelegte Dämmstreifen an der Deckenunterseite ist lediglich eine zusätzliche Schutzmaßnahme der Planung und Ausführung, um zu niedrige Oberflächentemperaturen aus den Einflüssen von Deckenstirnseite und/oder Attika zu vermeiden. Die Folgen wären sonst Schwärzepilzbildungen in diesen Bereichen.

Wurde die Wärmedämmung auf der Dachfläche im Hinblick auf die Wärmeschutzverordnung und die DIN 4108 »Wärmeschutz im Hochbau« richtig bemessen, läßt sich aus dieser Erscheinung der Streifenbildung allein kein Planungs- und/oder Ausführungsmangel mit Aussicht auf Regreß bzw. rechtlicher Durchsetzbarkeit herleiten.

Die folgenden Darstellungen verdeutlichen die konstruktiven Zusammenhänge bzw. die physikalischen Einflüsse.

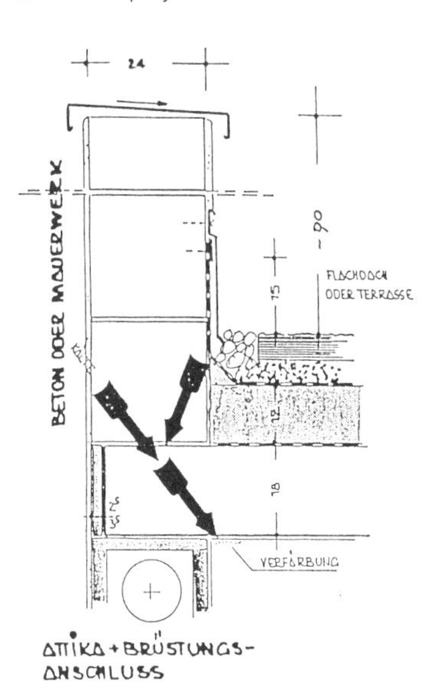

ATTIKA + BRÜSTUNGS-ANSCHLUSS

ATTIKA + BRÜSTUNGS-ANSCHLUSS

Fugenabbildungen auf Putz- und Tapetenflächen

An Decken und Wänden, die mit Leimfarben oder Dispersionen gestrichen sind oder eine Tapete tragen, werden häufig dunkle Streifen sichtbar. Oft ist diese Erscheinung zunächst rätselhaft, bis schließlich zu erkennen ist, daß solche Streifen bestimmte, unter dem Putz oder im Mauerwerk versteckte Konstruktionsteile oder Fugen abzeichnen. Überstreicht man diese unansehnlichen Stellen, treten sie mit Sicherheit erneut auf.

Die sogenannten Staubstreifen lassen sich dauerhaft nur durch Beseitigung ihrer Ursache bekämpfen. Es muß dafür gesorgt werden, daß sich die gesamten Wand- und Deckenflächen in ihrem Wärmeleitvermögen möglichst gleichmäßig verhalten und keine Wärmebrücken vorhanden sind.

Ursachen der Streifenbildung

Zu einer sorgfältigen Bauausführung gehört es auch, daß die Wand- und Deckenflächen der Räume ein möglichst gleichmäßiges Wärmeleit- und Saugvermögen aufweisen. Werden darauf Anstriche aufgebracht, so bilden diese eine gleichmäßige und dauerhafte Oberfläche.

Durch Verwendung verschiedenartiger Baustoffe und durch mangelhafte Wärmedämmung entstehen jedoch an Decken und Außenwänden sehr leicht Wärmebrükken. Sie bewirken, daß einzelne Stellen, z. B. an Mauerwerksfugen, Fensterstürzen, Trägern und undichten Fugen der Wärmedämmung sowie an Rohrleitungen durch ihr stärkeres Temperaturleitvermögen wesentlich kälter sind als ihre Umgebung. Die warme, mit Wasserdampf angereicherte, staub- oder rauchhaltige Raumluft gelangt auch zu diesen kalten Flächen und kühlt sich dort ab. Dabei kommt es zu einer ständigen, mehr oder weniger starken Kondensation, die zu einer örtlichen Feuchtigkeitsanreicherung führt. Da diese feuchten Stellen eine höhere Adhäsion als ihre Umgebung aufweisen, setzen sich mit der Luft herangeführte Staub- und sonstige Schwebteilchen dort fest. Dadurch zeichnen sich dunkle, unansehnlich wirkende Stellen immer stärker ab.

Wärmedämmung von Deckenstirnseiten

Die jeweils vorhandenen Temperaturen der inneren Decken- und Wandoberfläche im auflagernahen Außenwandbereich sind, je nach Innen- und Außentemperatur, variabel. Aus diesem Grund sind auch die Kondensatniederschläge als Folge der Taupunktunterschreitung von unterschiedlicher Intensität. Theoretisch müßten sich, um Taupunktunterschreitung und damit Kondensatniederschlag zu vermeiden, die jeweiligen maximalen relativen Luftfeuchtigkeiten im Raum selbständig auf die vorhandene Oberflächentemperatur der Bereiche Wand/Decke einstellen. Das ist physikalisch aber nicht möglich.

Ebenso ist die Schaffung von relativen Luftfeuchtigkeiten in zentralbeheizten Wohnungen von unter 35% aus naturgesetzlichen Gründen schwer möglich – auch durch eine Dauerlüftung nicht. Der physikalische Vorgang des permanenten Ausgleichens zwischen der Raum- und Außenatmosphäre im Zuge eines Temperatur- und Wasserdampfdruckgefälles durch ein Bauteil ist dafür verantwortlich. Die physikalische Belastung eines Raumes (Raumtemperatur und relative Luftfeuchtigkeit) ist nur ziemlich begrenzt steuerbar, da diese beiden Faktoren den Wohnwert und das Behaglichkeitsempfinden sehr direkt beeinflussen.

Relative Luftfeuchtigkeiten zwischen 45–65% sind für das organische Wohlbefinden notwendig. Aus verschiedenen medizinischen Gründen wird vor länger andauernder Unter- bzw. Überschreitung dieser Feuchtigkeitswerte gewarnt. In zentralbeheizten Gebäuden sind Raumtemperaturen zwischen 18–22° und relative Luftfeuchtigkeiten zwischen 45–65% durchaus normale Wohnwerte.

Ist ein Bauteil (Raumecke, Wand, Decke) durch Kondensatniederschlag – und im weiteren Sinne Sporenbefall – in Mitleidenschaft gezogen, so muß zunächst untersucht werden, ob ein konstruktiver Mangel im Wärmehaushalt des betreffenden Bauteils vorliegt.

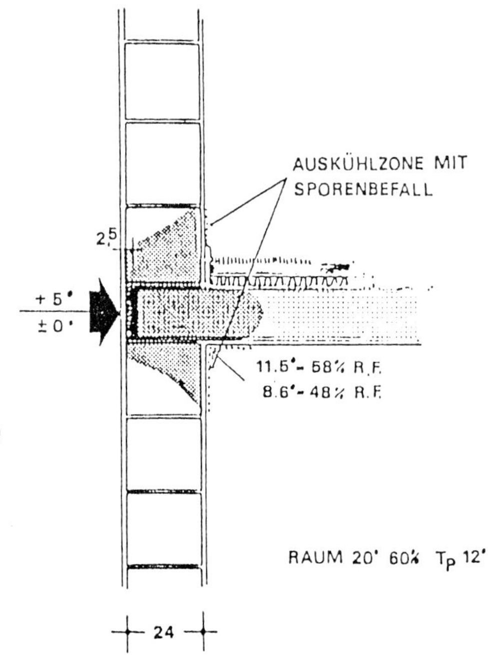

Beispiel zur Zeichnung
Außentemperatur + 5° (Jahresmittel)
Raumtemperatur 20°/60%
innere Oberflächentemperatur 11,5°
relative Luftfeuchtigkeit ca. 58%
Außentemperatur 0°
Raumtemperatur 20°/60%
innere Oberflächentemperatur 8,6°
relative Luftfeuchtigkeit ca. 48%

In Gebäuden, die etwa bis zur Mitte der 70er Jahre errichtet wurden, sind in den meisten Fällen Heraklith-Platten (Holzwolle-Platten) in Stärken von 1,5–2,5 cm als Wärmedämmung in den Deckenstirnseiten eingebaut worden. Allerdings entsprach eine solche Dämmaßnahme schon damals nicht den gültigen Richtlinien der DIN 4108 »Wärmeschutz im Hochbau«.

Auch Massivdecken müssen im Auflagerbereich einer Außenwand durch konstruktive Maßnahmen (Dämmstoffauswahl und Schichtstärke) von Planung und Ausführung die Einhaltung des Mindestwärmeschutzes garantieren. Um ein Deckenauflager im Außenwandbereich warm und damit trocken zu halten, ist es von großem Vorteil, auch hier den tatsächlich vorhandenen Dämmwert der Außenwand zu erhalten.

In den letzten Jahren wurden für diese Wärmeschutzmaßnahmen im allgemeinen 3schichtige Hartschaum-Verbundplatten (Nowesta-Platten), meist in Stärken von 25 mm verwendet. Beim Einsatz dieser Plattenstärken wird aber von Planung und Ausführung die Wärmeschutzverordnung vom 1. 11. 1977 übersehen. In der Fußnote der Tabelle der Baustoffkennwerte heißt es unter

Nr. 8: »Bei Mehrschicht-Leichtbauplatten aus Schaumkunststoffplatten mit Beschichtungen aus mineralisch gebundener Holzwolle darf zur Berechnung des Wärmedurchlaßwiderstandes $1/\Lambda$ nur die Dicke der Schaumkunststoffplatten berücksichtigt werden bei Zuordnung des Schaumkunststoffes in die Wärmeleitfähigkeitsgruppe 040.«

Und unter Nr. 9 »15 mm dicke Platten werden wärmeschutztechnisch nicht berücksichtigt.«

Aber genau dieses Problem stellt sich beim Einsatz von 3schichtigen Verbundplatten mit einer Stärke von 25 mm. Die äußere Holzwolleschicht, 5 mm stark, hat nur Putzträgerfunktion; die Hohlräume werden mit Putzmörtel ausgepreßt. Die innere Holzwolleschicht, ebenfalls 5 mm stark, bzw. deren Hohlräume werden mit der »Zementmilch« des Deckenbetons verschlossen. Der innen verbleibende, nur 15 mm starke Hartschaumkern wird, nach Punkt 9, wärmeschutztechnisch aber nicht berücksichtigt!

Der Einsatz einer nur 25 mm starken, 3schichtigen Verbundplatte bedeutet also für Planung und Ausführung einen Verstoß gegen die Regeln der Bautechnik im Sinne der DIN 4108 »Wärmeschutz im Hochbau« und der Wärmeschutzverordnung und bildet im Schadensfall die Anspruchsgrundlage zum Regreß gegenüber dem Verantwortlichen.

Alternativ-Lösung: Einbau von mindestens 35 mm starken, 3schichtigen Verbundplatten. Deren Hartschaumkern beträgt dann 25 mm und entspricht damit den vorgenannten DIN und Verordnungen.

Erläuterung

Bei einer Raumtemperatur von +20° und einer relativen Luftfeuchtigkeit von 60% liegt die sogenannte Taupunkttemperatur der Raumluft bei +12°. Auf allen Bauteilen und Flächen, die kälter als 12° sind, wird die 20° warme und mit 60% Feuchte angereicherte Luft kondensieren.

Eine unzureichende Wärmedämmung der Deckenstirnseiten führt zu einer Auskühlung und damit einer Absenkung der inneren Oberflächentemperatur der Decke im auflagernahen Bereich der Außenwand. Die unter dem Deckenauflager befindlichen 1–2 Mauersteinschichten kühlen ebenfalls aus und senken dadurch auf der Raumseite ihre Oberflächentemperatur unter den sogenannten Taupunkt ab.

Die 1–2 Mauersteinschichten über der Decke verhalten sich ähnlich wie die Schichten unter der Decke. Im Regelfall sind deren Oberflächentemperaturen noch um 1–2° niedriger als die Temperatur der Schichten unter der Decke, da die Raumtemperatur unmittelbar unter der Decke ca. 1–2° höher als über dem Fußboden ist. Die Temperaturdifferenz von 2–4° zwischen Fußboden und Decke erklärt auch den meist stärkeren Sporenbefall unmittelbar über dem Fußboden infolge niedrigerer Oberflächentemperatur.

Fachwerk mit Innendämmung

Bei der Renovierung eines Fachwerkgebäudes wird neben den Wärmeschutzmaßnahmen (Innendämmung) auch der künftige Feuchtigkeitshaushalt der Wand, besonders durch die Kombination Holz/Mauerwerksausfachung, zu beachten sein.

Die Praxis zeigt, daß alte Fachwerkwände im Hinblick auf das Vorhandensein einer guten Vertikale und Fluchtung sehr zu wünschen übrig lassen. Im Regelfall muß die innere Maßhaltigkeit eines Raumes (Vertikale, Flucht und Winkel) durch Anbringung von Vorsatzschalen erreicht werden. Dabei bietet sich natürlich an, die erforderlichen Wärmeschutzmaßnahmen gleich hinter der Vorsatzschale anzubringen.

Die handelsüblichen Gipskarton-Verbundplatten mit aufkaschierter Alufolie als Dampfbremse und einer Dämmschicht aus Hartschaum oder Mineralwolle sind dazu nur bedingt geeignet. Da sie direkt auf die vorhandene innere Wandfläche aufgebracht werden, müssen sie dem meist nicht geometrisch exakten Wandverlauf folgen. Erst ein konventionell errichtetes Ständerwerk, das lotrecht und fluchtgenau erstellt wurde, bietet die Möglichkeit einer bauphysikalisch einwandfreien Lösung der anstehenden Wärme-, Schall- und Diffusionsprobleme.

Wärmeschutz

Bedingt durch die relativ geringen Wandstärken der Ausfachung von ca. 14–16 cm wird der Wärmeschutz gemäß DIN 4108 und Wärmeschutzverordnung auch beim Einsatz von wärmetechnisch hochwertigen Wandbaustoffen, z.B. Bims oder Gasbeton, nicht erfüllt. Eine zusätzliche Dämmung ist unumgänglich.

Schallschutz

Ein in wärmetechnischer Hinsicht hochwertiger Wandbaustoff besitzt natürlich eine relativ geringe Rohdichte von ca. 0,4 bis 0,6 t/cbm. Demgemäß liegt sein bewertetes Schalldämmaß R'_w bei nur 38 dB und damit deutlich unter den Mindestwerten für Außenwände.

Feuchtigkeitsschutz (Diffusion)

Der klimabedingte Feuchteschutz, als Forderung der DIN 4108, Teil 3, kann bei Errichtung eines Ständerwerkes mit dazwischenliegender mineralischer Wärmedämmung, Dampfbremse und raumseitiger Beplankung problemlos erfüllt werden.

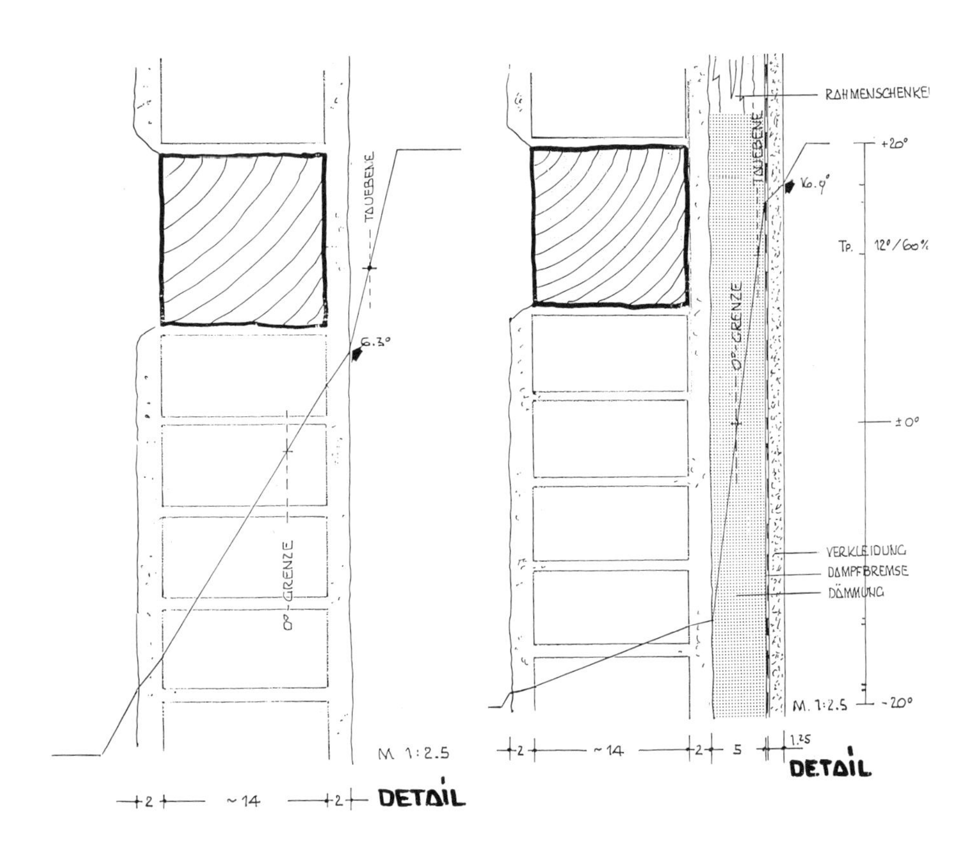

Fachwerkwand ohne Innendämmung

Fachwerkwand mit Innendämmung

Luftschalldämmung

Gerade im Fachwerksbau ist das Problem der Schallängsleitung, also der Luftschalldämmung bei zweischaligen Bauweisen, ein besonderes Kriterium. Die Eigenfrequenz des Schwingungssystems Dämmung/Beplankung muß deutlich unter 100 Hz liegen, um Beanstandungen auszuschließen.

Dampfbremse

Als praxisbewährte Maßnahme hat sich der Einbau einer 0,3 mm starken PE-Folie zwischen Wärmedämmung und raumseitiger Beplankung erwiesen. Darüber hinaus wird zugleich die Winddichtigkeit deutlich erhöht, weil ein Fachwerk ständigen Verformungen – bedingt durch Quell- und Schwindvorgänge des hygroskopischen Baustoffes Holz – an den Berührungspunkten Holz/Ausfachung unterworfen ist.

Holzschutz

Um den Schutz der eingebauten Hölzer in diffusionstechnischer Hinsicht zu gewährleisten, wird die außenliegende Holzfläche des Fachwerkes nur mit offenporigen, das heißt diffusionsoffenen Anstrichen versehen. Filmbildende Beschichtungen in Form von Anstrichen auf den Holzflächen sind unbedingt zu vermeiden.

Wärmespeicherung

Beim Ausbau eines Fachwerkgebäudes für Wohnzwecke ist die Wärmespeicherung der Außenwände sehr gering. Die auf der Innenseite des Fachwerks angebrachte Wärmedämmung besitzt aufgrund ihrer geringen Masse nur ein minimales Wärmespeichervermögen. Der Aufwand an Heizenergie zur Erhaltung einer ständigen Raumtemperatur ist entsprechend groß.

Wird anstelle der inneren Beplankung der Wände mit Gipskartonplatten oder Nut- und Federschalung eine sogenannte Vormauerung aus leichten Baustoffen mit Rohdichten um 0,5–0,6 t/cbm angebracht, die selbst noch eine beachtliche zusätzliche Eigendämmung besitzen, wird das Wärmespeichervermögen um ein Mehrfaches erhöht. Eine so ausgeführte Wand wird zu einer zweischaligen Konstruktion mit innenliegender Wärmedämmung, sogenannter Kerndämmung. Allerdings ist dann die Auswahl eines geeigneten Dämmstoffes und gegebenenfalls der Einbau einer Dampfbremse entscheidendes Kriterium, um schall- und diffusionstechnischen Mängeln vorzubeugen.

Risse in großformatigen Asbest-Zementplatten an einer Vorhangfassade

Fassadenverkleidungen aus großformatigen Asbestzementplatten vor hochdämmenden Untergründen weisen häufig Schäden in Form von Rissen auf. Besonders betroffen von diesem Schadensbild sind südlich und westlich orientierte Fassaden. Auffällig bei der Ursachenermittlung solcher Schäden ist, daß es sich dabei ausnahmslos um farbige Platten – also gedeckte bis dunkle Farbtöne handelt. Charakteristisch ist die Rißlage im mittleren Drittel der jeweiligen Plattenbreite, durchlaufend von der unteren zur oberen Plattenkante.

Die Ursache dafür ist sehr selten im Material selbst oder in der handwerklichen Ausführung (Montage) zu suchen, sondern in der bauphysikalischen Planungskonzeption der Vorhangfassade. Sehr häufig wird den bauphysikalischen Erfordernissen nicht Rechnung getragen, das Gestaltungsmoment hat Vorrang. Wichtige physikalische Funktionsbereiche wie

- Farbgebung und Plattenformat
- Hinterlüftung (Zu- und Abluft an Sockel, Traufe und Ortgang)
- Temperaturbelastung und Wärmehaushalt der Konstruktion

werden nicht beachtet. Dabei verlangen die »Richtlinien für Fassadenbekleidungen mit und ohne Unterkonstruktion« unter Punkt 2.3 die Berücksichtigung von thermisch bedingten Formänderungen.

Aus der vorliegenden Zeichnung wird deutlich, daß bei mittleren Farbtönen, bedingt durch Aufheizung bei sommerlicher Sonneneinstrahlung, die Oberflächentemperaturen auf der Platte durchaus bei +45° liegen können. Bei »nur« –15° Außentemperatur im Winter beträgt das Temperaturmaximum in der nur 1,0 cm starken Platte ca. 60°. Die im Plattenquerschnitt wirksam werdenden Zugkräfte übersteigen besonders bei sommerlicher Aufheizung mit Dehnung und Verwölbung das vorhandene Elastizitätsmodul bei weitem – Rißbildung ist die unvermeidbare Folge.

Kondensatbelastungen an den Rückseiten vorgehängter Metallfassaden

Eine im Gewerbe- und Industriebau häufig anzutreffende Konstruktion sind vertikal angebrachte Trapezprofile vor der Außenwand bzw. vor Ausfachungen aus dämmenden Baustoffen. Bei solchen Konstruktionen, teilweise noch unter Zwischenschaltung von Dämmstoffen zwischen Metallfassade und Mauerwerk, kommt es im äußeren Sockelbereich häufig zu Feuchtigkeitsbelastungen mit Abtropfungen und Korrosionserscheinungen an Metallteilen.

Die Ursache dafür liegt meist im Zusammenwirken von Planungs- und Ausführungsmängeln. Von der Planung wird gegen den wichtigen bauphysikalischen Grundsatz verstoßen, wonach die Diffussionswiderstände der einzelnen Schichten von innen nach außen abnehmen müssen.

Gasbeton- oder Bimsmauerwerk sowie mineralische Dämmstoffe stellen nur eine geringe Dampfbremse dar, Metallflächen sind dagegen eine Dampfsperre. Die erforderlichen Mindestgrößen von Zuluftöffnungen am Sockel sowie Abluftöffnungen an Traufe oder Ortgang sind oft nicht vorhanden.

Der zwischen Metallfassade und Mauerwerk bzw. Dämmung erforderliche Belüftungsraum wird – je nach verwendetem Trapezprofil – allein nur über die Hochsikken nicht erreicht. Die im Zuge des Temperatur- oder Dampfdruckgefälles durch die Wandkonstruktion aus dem Raum mitgeführte Feuchte in Form von Wasserdampf kondensiert an der Rückseite der wasserdampfdichten Metallprofile und tropft am Sockel heraus.

Der Wärmehaushalt solcher Konstruktionen ist in aller Regel nicht zu beanstanden, dem Feuchtigkeitshaushalt der Außenwand wurde jedoch nicht Rechnung getragen.

Feuchteschäden an Balkonbrüstungen und Kragplatten

Bei auskragenden Balkonplatten, besonders mit vorgesetzten Sichtbetonbrüstungen aus Fertigteilen, kommt es an der Plattenunterseite häufig zu Feuchtigkeitsschäden. Im Bereich der Anschlußfuge zwischen der Stirnseite der Kragplatte und der Fertigteilbrüstung entstehen Durchfeuchtungen mit Abtropfungen.

Eine häufig anzutreffende Ausführung der Balkonplatte besteht darin, einen Spaltklinkerbelag im Mörtelbett direkt auf die Kragplatte aufzubringen, ohne die Betonoberfläche durch eine Abdichtung zu schützen. Die DIN 4122 »Abdichtung von Bauwerken gegen nichtdrückendes Oberflächenwasser und Sickerwasser mit bituminösen Stoffen, Metallbändern und Kunststoffolien« verlangt jedoch eine vollständige Abdichtung der Oberfläche einer Kragplatte bei Balkonen.

Balkonbrüstung

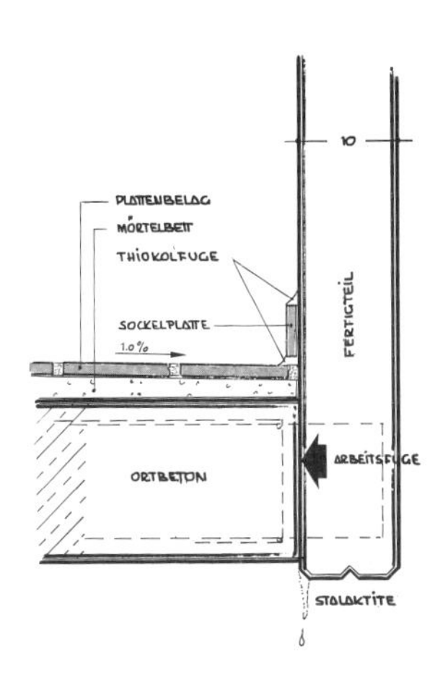

Ein Spaltklinkerbelag als sogenannte Nutz- oder Verschleißschicht ist nicht wasserdicht. Über die Belagsfugen eindringende Niederschlagsfeuchtigkeit löst chemisch nicht gebundene Bindemittelanteile aus dem Mörtelbett des Belages und der betonierten Kragplatte.

Im Bereich von sogenannten Arbeitsfugen, z. B. Kragplatte/Fertigteil, sowie in Fugen an den Brüstungsplatten kommt es zu langzeitlich anhaltenden Abtropfungen mit dem langsamen Aufbau von Stalaktiten – sogenannten Kalkzäpfchen. Weiterhin führen anhaltende bzw. dauernde Durchfeuchtungen des Betons an Kragplatten und Fertigteilbrüstungen zur Korrosion von Bewehrungseisen. Volumenzunahme bei der Korrosion von Bewehrungseisen – unter gleichzeitiger Verringerung des tragenden Stahlquerschnittes – führt zu Drücken und damit zu Absprengungen von Betonüberdeckungen. An den in der Regel nur 8–10 cm starken Sichtbetonbrüstungen leistet eine unzureichende Betonüberdeckung der Bewehrungseisen der Korrosion – und damit den Betonabplatzungen – Vorschub. Auch die Orientierung dieser relativ dünnen Brüstungen zur Himmelsrichtung und besonders die Farbgebung haben wesentlichen Einfluß auf Formänderungen als Folge thermischer Belastung.

Nicht nur aufreißender und abplätternder Anstrich aus thermisch bedingter Expansion, sondern dadurch hervorgerufene Haarrißbildung in der Betonstruktur lassen Feuchtigkeitseintritt und Schadensausweitung mit den bekannten Folgen zu. Ein durchfeuchteter Baustoff wird bei Frostzutritt durch den Kristallisationsdruck bei Eisbildung zusätzlich belastet und zerstört.

Literaturverzeichnis

Kraus, Wolf-Dieter
Bauphysikalische Schriftenreihe:
Schwärzepilz- und Schimmelbildung
Streifenbildung durch eingelegte Dämmplatten
Wärmedämmung von Deckenstirnseiten
Fachwerk mit Innendämmung
Fugenabbildung auf Putz- und Tapetenflächen
Wärmebrücken – Definition und Auswirkungen
Mischmauerwerk und seine Folgen

IBP-Mitteilungen
Nr. 4/73, 8/74, 47/79, 56/80, 50/79, 56/80, 57/80, 59/80, 62/80, 69/80, 102/85, 105/85, 115/86, 31/78.

Bauforschungsberichte des Bundesministers Nr. T 1018, T 1779, F 1886, F 1888, F 1949, F 2069.

Kurzberichte aus der Bauforschung 1983 – 122

Berichte aus der Bauforschung
Heft 48, 79 und 87.

Gesundheitsingenieur
4/80, 107/86, 96/11, 95/74, 100/79, 81/60.

Eichler-Arndt
Bautechnischer Wärme- und Feuchtigkeitsschutz

Scholz
Baustoffkenntnis

Klopfer
Anstrichschäden

Schild, Casselmann, Dahmen, Pohlenz
Bauphysik – Planung und Anwendung

Grassnick-Holzapfel
Der schadensfreie Hochbau

Künzel-Gertis
Thermische Verformung von Außenwänden

Grunau
Verhinderung von Bauschäden

FBW-Blätter
Forschungsgemeinschaft Bauen und Wohnen
5/82, 4 + 5/80

DIN 4108 »Wärmeschutz im Hochbau«

Boden – Wand – Decke
Heft 12/63

Sonderdruck DBZ 5/87, S. 631–639

Künzel
arcus 83, Einfluß der Wärmespeicherfähigkeit

Gössele-Schüle
Schall – Wärme – Feuchte

Haferland
db 6/83, S. 49

Bagda
Kunststoffe am Bau, Heft 4/84

Bundesverband der Deutschen Ziegelindustrie
Sonderdruck Z 16

IBP-Seminar 11/86 (Kießl)
Feuchteverhalten innengedämmter Wandkonstruktionen

Mauerwerksbau aktuell 10/83

Das Bauzentrum 6/79